高性能钢铁材料及其绿色制造技术研究

李劲波　陈枭　著

延吉·延边大学出版社

图书在版编目（CIP）数据

高性能钢铁材料及其绿色制造技术研究 / 李劲波，

陈枭著. -- 延吉 ：延边大学出版社，2025. 2. -- ISBN

978-7-230-07962-4

Ⅰ．TG14

中国国家版本馆 CIP 数据核字第 2025S5M713 号

高性能钢铁材料及其绿色制造技术研究

著　　者：李劲波　陈 枭

责任编辑：魏琳琳

封面设计：战　辉

出版发行：延边大学出版社

社　　址：吉林省延吉市公园路 977 号

邮　　编：133002

网　　址：http://www.ydcbs.com

E-mail：ydcbs@ydcbs.com

电　　话：0433-2732435

传　　真：0433-2732434

发行电话：0433-2733056

印　　刷：三河市同力彩印有限公司

开　　本：787 mm×1092 mm　1/16

印　　张：9.5

字　　数：174 千字

版　　次：2025 年 2 月　第 1 版

印　　次：2025 年 2 月　第 1 次印刷

ISBN 978-7-230-07962-4

定　　价：68.00 元

前　　言

　　钢铁作为现代工业的基石，在社会发展进程中占据着举足轻重的地位。从高耸入云的摩天大楼到横跨海洋的巨轮，从精密复杂的机械装备到日常所需的各类基础设施，钢铁无处不在，深刻影响着人类社会的方方面面。然而，随着工业化进程的加速推进，钢铁生产带来的环境问题日益凸显，资源消耗等挑战已成为制约钢铁行业可持续发展的瓶颈。在此背景下，高性能钢铁材料及其绿色制造技术的研究应运而生，成为推动钢铁行业转型升级、实现与环境和谐共生的关键路径。

　　本书聚焦于高性能钢铁材料及其绿色制造技术这一核心主题，展开了多方面的深入探讨。首先，系统阐述了钢铁与社会的紧密联系、钢铁制造流程以及当前钢铁生产面临的环境问题，并指明了绿色化发展方向；其次，分别针对高性能船体结构用钢、建筑结构用钢和低温钢进行了详细剖析，深入研究了各类钢材的特点、冶金学原理、绿色化生产技术以及典型产品与应用情况。具体而言，书中探讨了船体结构用钢如何满足海洋恶劣环境下的高强度与耐腐蚀性要求，分析了建筑结构用钢怎样顺应建筑行业对低屈强比等性能的发展趋势，并阐述了低温钢在其特殊应用场景下的特性研究与制造工艺改进等，全面涵盖了从材料基础特性到绿色制造工艺的各个关键环节。

　　在本书的写作过程中，笔者参考了大量文献，在此向涉及的学者表示衷心的感谢。此外，由于笔者水平有限，书中难免存在不足之处，恳请读者批评指正。

目　　录

第一章 钢铁材料生产及其绿色发展

在国家经济快速发展的过程中，企业生产所引发的环境问题日益凸显，成为制约产业结构调整与优化的关键因素。党的十九届五中全会明确提出，要坚持绿水青山就是金山银山理念，完善生态文明领域统筹协调机制，构建生态文明体系，促进经济社会发展全面绿色转型。要加快推动绿色低碳发展，持续改善环境质量，提升生态系统质量和稳定性，全面提高资源利用效率。

钢铁产业作为工业化国家经济发展的支柱产业，对国民经济建设具有重要的推动作用。然而，钢铁产业也是资源密集型产业，会消耗大量的自然资源，在创造巨额财富的同时，也会排放大量污染物。2020 年，钢铁行业在全社会能源消耗总量中的占比超过13 %，污染物排放压力依然巨大，其中颗粒物、二氧化硫和氮氧化物的排放量在工业领域中位居前列。因此，资源有限和环境污染正严重制约钢铁行业的发展。

自 20 世纪 70 年代以来，中国钢铁行业在环境保护领域已经积累了五十多年的发展经验，取得了显著进步。全行业积极响应国家政策，系统性推进超低排放改造，重点企业着力落实"双碳"工作。例如，中国宝武钢铁集团有限公司提出力争 2050 年实现碳中和，提前完成国家"双碳"目标；河钢集团有限公司也设定了 2050 年实现碳中和的目标；宝钢集团新疆八一钢铁有限公司等企业则持续推进低碳冶金试点工程。需注意的是，当前行业在关键指标上仍存提升空间，吨钢综合能耗（1.72 吨标煤）、高强钢占比（不足 40 %）等核心数据，较国际先进水平存在一定差距。

当前，中国钢铁行业环保工作的核心在于"三废"治理，旨在实现全面稳定达标排放。治理手段以综合治理为主，包括污水治理、烟尘治理、废渣治理与利用，以及厂区绿化等措施。在钢铁冶炼过程中，各工序原材料的采集和加工会在较大范围内产生各类污染物，对环境造成不同程度的影响。因此，钢铁行业必须加快转型，朝着绿色化发展方向迈进。

第一节 钢铁与社会

一、钢铁的性能及重要性

（一）钢铁在工业用材中的地位

常见的工业用材包括金属材料（如钢铁、铝、铜、锌、铅等）、无机非金属材料（如水泥、玻璃、砖瓦、陶器等）、高分子材料（如聚乙烯、聚丙烯、聚氯乙烯、聚四氟乙烯等）、天然及复合材料（如原木、人造板材等）以及纤维材料（如天然纤维、化学纤维及纸制品等）。其中，按质量计算，金属材料的生产量最大，并在产品关键部位使用最为广泛。而在金属材料中，钢铁材料占比约 95 %，因此其在工业生产应用中扮演着至关重要的角色。

钢铁材料在现代社会中保持优越地位的原因如下：

（1）钢铁材料所需的铁矿石、煤炭等资源储量丰富，能够长期大量供应，且成本低廉。

（2）自人类进入铁器时代以来，已积累了数千年的钢铁生产与加工经验，形成了成熟的生产技术。与其他工业相比，钢铁工业具有生产规模大、效率高、质量好、成本低等优势。

（3）钢铁材料的强度、硬度、韧性等性能能够满足一般结构材料的需求，并且易于通过铸造、锻造、切削、焊接等多种方式进行加工，可制成任意结构的部件。

（4）钢铁材料用途广泛，性能可调节。通过合金化、热处理、特种加工等工艺，钢铁材料的性能可在广泛范围内进行调控。我国近年来开发了多种技术，使钢铁材料从结构材料向功能材料拓展。除了不锈钢外，某些钢铁材料还具备耐热、电磁、热电转换、超硬、减震、多孔等功能。

钢铁材料因其众多优良性能，在工业应用中优于铝、钛、镁、陶瓷、高分子材料（塑料）和复合材料，主要体现在高强度、良好的延展性、可焊接性、耐腐蚀性、资源丰富、对生态环境友好、可循环再利用以及可持续发展等方面。

尽管钢铁材料拥有悠久的历史，但其冶炼和加工工艺仍在不断创新和发展，这得益于时代尖端技术的持续变革。钢铁材料是人类社会发展的重要推动力，没有钢铁材料就没有现代社会。作为人类用量最大的结构材料和产量最高的功能材料，钢铁材料在可预见的未来仍将保持其不可替代的地位。

（二）钢铁的重要性

衡量现代国家发达程度的主要标志之一是其工业化及生产自动化的水平，即工业生产在国民经济中所占的比重以及工业的机械化、自动化程度。作为工业化水平的重要指标之一，劳动生产率的高低在很大程度上依赖于大量机械设备的使用。钢铁工业作为基础材料工业，为各类机械设备的制造提供了最基本的原材料。此外，钢铁材料也直接服务于人们的日常生活，广泛应用于运输业、建筑业及民用品的制造。

因此，一个国家的钢铁工业发展状况，在一定程度上反映了其国民经济的发达程度。评估钢铁工业的水平需要从其产量（人均年钢占有量）、质量、品种、经济效益以及劳动生产率等多方面进行综合考量。纵观当今世界，所有发达国家都拥有相当成熟的钢铁工业体系。

根据世界钢铁协会的统计数据，2023 年全球粗钢产量总计 18.882 亿吨，与上年基本持平。其中，纳入该机构统计的 71 个国家和地区粗钢产量合计 18.497 亿吨，同比微降 0.1 %。从地区分布来看，欧洲、北美和南美地区的粗钢产量均出现同比下降，而其他地区则呈现增长态势。具体到国家层面，在全球前十大产钢国中，日本、德国、土耳其、巴西的粗钢产量同比下降，其他国家均实现增长，其中印度的粗钢产量增幅最为显著，达到 11.8 %。

在宏观政策的调控下，中国钢铁工业持续稳中求进，深化绿色化生产模式，推进供给侧结构性改革，优化产品结构，提升产品质量和附加值，实现了高质量发展。然而，总产量并不能完全反映一个国家钢铁储量的充裕程度，更应该参考人均钢铁蓄积量。数据显示，2023 年我国人均钢铁蓄积量已达 8.9 吨，接近甚至超过部分发达国家水平。尽管如此，与一些发达国家相比，我国人均钢铁蓄积量仍存在一定差距，因此仍须坚持发展钢铁工业，进一步提升国家钢铁蓄积量。

世界经济发展至今，钢铁作为重要的基础材料之一的地位依然稳固，且在可预见的未来，其地位也不会因新技术和新材料的进步而受到根本性削弱。纵观世界主要发达国家的经济发展史，钢铁工业在美国、日本、英国、德国、法国等国的经济崛起中均发挥了决定性作用。这些国家钢铁工业的迅速发展和壮大，不仅推动了汽车、造船、机械、电器等行业的进步，更为其经济腾飞提供了坚实支撑。以美国为例，尽管其钢铁工业在20世纪70至80年代遭受了来自日本等国的进口材料的冲击，生产能力一度大幅下滑，但经过十几年的改造和重建，于20世纪90年代中期成功恢复原有生产规模，并在维持美国世界强国地位上继续扮演着不可或缺的角色。由此可见，钢铁工业不仅在国家经济中占据重要地位，还深刻带动了其他行业的发展。

二、社会发展离不开钢铁

钢铁被誉为"工业的粮食"。作为人类使用最广泛的金属材料，钢铁具有强度高、机械性能好、资源丰富、成本低等优势，适合大规模生产，在社会生产和生活的各个领域都有着不可或缺的广泛应用，是战略性基础工业品的重要组成部分。几乎所有国家的工业化进程都始于钢铁工业的发展，没有钢铁，其他工业产品也就无从发展。在国民经济中，钢铁工业如同"工业之母"，直接决定了一个国家工业化进程的基础。即便是已经完成工业化进程、正在向新型工业化迈进的发达国家，钢铁工业，尤其是高端钢铁工业仍然是不可或缺的重要产业。

（一）钢铁与建筑

从古至今，建筑材料的发展经历了木材、砖石、混凝土等不同阶段。对于现代建筑而言，钢铁材料的应用日益广泛，逐渐成为"现代感"建筑的重要标志之一。早期，钢铁材料主要用于建造桥梁、铁路等基础设施，随着对其特性的充分掌握，以钢结构为主的建筑在我国得以迅速发展。

钢结构建筑是以钢为主要材料的重要建筑形式，主要由钢梁等构件构成。其自重轻、强度高、可重复利用，符合我国可持续发展的需求。同时，钢结构安装迅速、施工周期短，有助于提升工程建设效率。

然而，目前的住宅建筑仍以混凝土结构为主，与钢结构相比，其抗震性能和稳定性相对较弱。随着钢结构建筑技术的进步，住宅建筑技术将不断完善，适合钢结构住宅的新材料也将不断涌现。因此，钢结构将成为我国建筑行业发展的主要方向。钢铁是现代文明的基石，建筑则是展现文明精神的载体，钢铁工业与建筑行业在发展中相互促进、相辅相成，二者缺一不可。

（二）钢铁与交通

高铁被誉为中国发展的名片，其建设离不开钢铁行业的基础支撑。自 1825 年世界上第一条铁路诞生以来，铁路领域的科学家和工程师便致力于提升列车运行速度，以提高铁路运输效率。随着我国改革开放与经济的快速发展，1998 年，我国采用电力机车牵引的列车实现了 240 km/h 的试验速度。2002 年，我国自主研发的"中华之星"电动车组在秦沈客运专线上成功创造了当时 321.5 km/h 的中国铁路最高时速纪录。

2004 年，中国铁路建设实现了大提速，成功攻克了九大核心技术，为高铁的后续发展奠定了坚实基础。此后，中国高铁步入了飞速发展的崭新阶段。自 2010 年至 2018 年，中国在长三角、珠三角、环渤海等城市群区域建成了高密度的高铁路网，实现了东部、中部、西部和东北四大板块区域间的高铁互联互通。党的十八大以来，"八纵八横"高铁主通道与普速干线铁路的建设步伐加快，中国已建成了世界上最大的高速铁路网络。截至 2024 年底，全国铁路营业里程已达到 16.2 万公里，其中高铁运营里程为 4.8 万公里，创下历史新高。根据规划，到 2025 年底，全国铁路营业里程预计将达到 16.5 万公里，其中高铁里程将突破 5 万公里，覆盖 95 % 以上的 50 万人口以上城市，基本形成"全国 123 高铁出行圈"。这一庞大的铁路网建设，离不开对大量钢铁的需求。

高铁对钢铁新材料的强度、疲劳性能、轻量化及工艺性等方面均提出了更高的要求。高铁车体主要选用镍铬奥氏体不锈钢材料，该材料以其卓越的耐腐蚀性和美观性著称，在日本、美国等地得到了广泛应用。在确保强度和刚度满足要求的前提下，诸如梁、柱等骨架结构的板厚已从普通钢的 3.2 ~ 6.0 mm 减薄至 1.0 ~ 1.5 mm，实现了约 40 % 的减重效果。

20 世纪 60 年代初，日本率先开发出不锈钢车辆，这类车辆因具备轻量化、节能以及不需要涂装的特点，而带来了显著的经济效益。在轮轨系统中，车轮与钢轨材料不仅要有足够的强度、韧性和耐磨性，还必须具备良好的耐擦伤和抗剥离性能。

就线路特点而言，高铁相较于一般铁路，最显著的区别在于其曲率半径大、应变速率高、轴重轻以及牵引力大。因此，高铁钢轨的磨耗相对较小，而疲劳损伤则相对更为突出，这对钢轨材料的选择提出了更高的标准。

针对钢轨材料，欧洲铁路一直在合金钢轨领域进行深入研究。例如，非热处理的 Cr-Mo 合金钢轨，不仅具有较高的循环软化抗力，还展现出良好的抵抗短波磨损的能力，是未来钢轨材料的重点选项之一。此外，各国还需在钢轨的强韧化和纯净化处理方面继续努力，积极推动全长热处理钢轨、稀土钢轨以及降噪降震新型钢轨的研发与应用。

高铁的建设有效拉动了钢铁需求，钢铁行业应准确把握这一实际，抓住机遇，并结合技术创新，以实现更为稳健的发展。

（三）钢铁与桥梁

随着我国城市建设步伐的加速，以及钢结构桥梁在焊接、振动控制、上下结构设计、制造与施工技术方面的日益成熟与进步，钢结构桥梁已被广泛应用于铁路、公路、公铁两用桥及人行天桥等领域。

钢结构桥梁的优点主要包括：

（1）其抗拉、抗压、抗剪强度相对较高，因此钢构件断面小、自重轻；

（2）具有良好的塑性和韧性，使得钢结构桥梁具备优秀的抗震性能；

（3）施工周期短；

（4）质量易于保证；

（5）在使用过程中易于进行改造，如加固、接高、拓宽路面等，改动灵活方便；

（6）钢铁材料本身属于环保产品；

（7）管线布置便捷；

（8）适用范围广泛，且易于构建大跨度桥梁。

钢铁对桥梁发展的影响主要体现在以下几个方面：

（1）在物质基础方面，我国钢铁工业的迅猛发展，为钢结构桥梁的兴起奠定了坚实基础。自 1996 年钢产量突破 1 亿吨以来，我国钢产量持续飙升。与此同时，钢铁行业通过调整定位和技术革新，显著增加了钢铁产品的种类，优化了材质，国内长期供不应求的 H 型钢、厚钢板等关键产品的供应问题已得到有效缓解。

（2）在钢结构桥梁防腐方面，长期存在的技术难题已得到有效解决。桥梁专家研究表明，钢结构桥梁失效主要源于材料制作缺陷、自然灾害、交通事故及金属腐蚀等因素，其中金属腐蚀问题尤为突出。传统钢结构桥梁普遍采用防腐涂层技术，但该技术存在两大局限：一是涂层有效防护周期较短，二是防腐涂装成本过高，占桥梁建设总成本的 10% 以上。随着高性能耐蚀钢材的研发突破，这一制约行业发展的关键问题得以根本性解决，为钢结构桥梁的推广应用提供了重要的技术支撑。

2018 年 10 月 23 日，我国正式开通了世界上最长的跨海大桥——港珠澳大桥（见图 1-1）。该桥全长 55 公里，西起珠海与澳门，东至香港。港珠澳大桥跨越伶仃洋，其海上主体工程长达 29.6 公里。作为国内首个在外海大规模使用钢箱梁的桥梁工程，同时也是世界最长的钢箱梁制造段，大桥的桥梁部分采用了钢箱梁结构，总用钢量超过 40 万吨，这一数量足以建造近 60 座埃菲尔铁塔。

图 1-1 港珠澳大桥

钢铁工业的迅速发展为我国钢结构桥梁的发展奠定了坚实基础，而未来的规划建设将为钢结构桥梁带来更为广阔的发展前景。

（四）钢铁与机械

机械行业是国民经济的装备支柱产业，既是科学技术物化的实践基础，也是高新技术产业化的核心载体，更是国防建设的基石工业。同时，该行业通过提供消费类机电产品，持续提升人民生活质量。机械行业具有产业关联度高、需求弹性大、经济拉动效应强劲等特点，对国家资本积累和社会就业形成双重支撑。

根据钢材加工工艺和用途，机械行业用钢主要可分为调质钢、弹簧钢、轴承钢、超高强度钢、渗碳钢、氮化钢、耐磨钢和易切削钢等八类。

机械行业属于产业链中游的关键支撑性行业，其钢材用量与下游住宅建设、基础设施投资和汽车制造等终端需求密切相关。2022—2024 年，机械行业钢材需求量保持稳定，年均维持在 1.70 亿吨以上水平。2025 年机械领域对钢铁的需求量预计为 1.79 亿吨，同比增长 1 %。

我国机械工业中的用钢行业，主要包括农业机械、工程机械、重型矿山机械、机床工具、石油通用设备、电力设备等多个行业。在农业机械中，3 000 多种农机产品所用的材料有 90 % 以上都是钢铁材料。

目前，钢铁、机械行业均保持着快速发展的良好势头，这两个行业应加快整合步伐，建立战略联盟关系，形成良性互动，实现和谐、互补、共赢和可持续发展。

（五）钢铁与国防

人类历史可谓是一部战争史。自 1856 年以来的 160 多年历史证明，钢铁工业发达的国家，其经济和军事实力往往十分强大。1856 年，英国工程师贝塞麦发明了酸性底吹转炉炼钢法，推动英国的钢铁工业从手工业迈入近代大规模生产阶段。1871 年，英国产钢 33.4 万吨；到 19 世纪 80 年代，其钢产量始终位居世界首位，年产量突破 300 万吨。在此期间，英国的洋枪洋炮几乎可以摧毁任何"刀枪不入"的金刚之躯，征服世界，因而被称为"日不落帝国"。1890 年，美国的钢产量达到 435 万吨，首次超过英国；1953 年，美国钢产量达到 1.012 5 亿吨，占世界钢产量的 43 %。1936 年，中国钢产量 41.4 万吨，而日本钢产量 522.3 万吨，是中国的 12.6 倍，这也成为其敢于发动侵略战争的重要原因之一。

在近代战争和现代战争中，钢铁的消耗量极为惊人。无论是枪炮、弹药、坦克、装甲车、运兵车船、战舰、航母，还是铁路设施，无一不需要大量钢铁。一个国家的武器装备所需的钢铁动辄以百万吨计，甚至达到千万吨级别，而交战双方在战斗中的钢铁消耗同样巨大。

现代战争的内涵涵盖了电子、导弹、热核武器等高科技武器的运用，而今天的常规战争同样属于现代战争的范畴。现代战争具有宽正面、大纵深、突发性强、破坏性大、消耗巨大等特点。据预测，现代战争中武器装备与弹药的消耗量将达到第二次世界大战的 6 至 7 倍，这是直接的钢铁消耗；而口粮、物资的消耗量更是第二次世界大战的数倍以上，这便需要更多的车船进行运输补给，间接的钢铁需求量也将呈几何级数增长。随着武器装备的现代化与复杂化，各国对钢铁及稀有金属的品种与质量要求也日益提高。因此，我国要建设强大的现代化国防，就必须拥有强大的现代化钢铁工业。例如，2017 年 4 月 26 日，我国第一艘自主建造的国产航母 001A 型舰在大连正式下水，该舰满载排水量达 6.5 万吨，用钢量约为 6 万吨。航母用钢的要求极为严格：一是要确保舰体具备足够的结构强度；二是由于航母甲板宽阔，必须具备较强的可焊接性。此外，航母舰体用钢还需具备无磁性、抗腐蚀等优良性能。我国成功攻克了航母用钢的技术难题，001A 型航母便采用了我国自主研发的特种钢。

国防力量是国家安全的坚实保障,而强大的国防必须建立在强大的钢铁工业基础之上。尽管我国目前的钢铁产量位居世界前列,但人均占有量与发达国家相比仍存在一定差距。此外,要构建更先进的防御系统和更高科技的武器系统,仍须研发性能更优的金属材料。因此,建设强大的现代化国防,钢铁工业依然任重道远。

第二节 钢铁制造流程

世界钢铁生产工艺流程主要分为两种:一种是以高炉-氧气转炉、炉外精炼工艺为核心的钢铁联合企业生产流程,即长流程(简称 BF-BOF 长流程);一种是以废钢-电炉炼钢为核心的钢铁生产流程,即短流程(简称 EAF 短流程)。我国钢铁企业根据生产产品和工艺流程可分为两大类:钢铁联合企业和特殊钢企业。钢铁联合企业的生产流程主要包括烧结(球团)、焦化、炼铁、炼钢、轧钢等工序,即长流程生产;特殊钢企业的生产流程主要包括炼钢、轧钢等工序,即短流程生产。短流程生产省略了高炉炼铁工序,直接以废钢为原料,在电炉内将钢水铸成坯。这种生产方式不仅省去了钢铁生产中投资巨大的高炉炼铁环节,还无须铁矿石、煤和焦炭等原燃料的供应,从而降低了能耗,避免了炼焦、烧结、炼铁等工序带来的污染。随着社会资源结构、环境承受能力及技术进步的发展,长流程与短流程将相互渗透、并存发展,如图 1-2 所示。

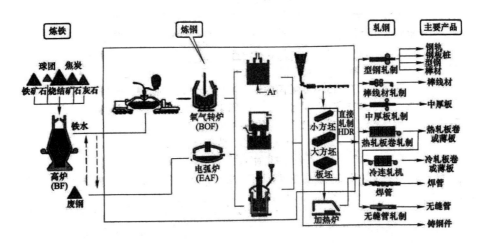

图 1-2 现代钢铁生产工艺流程

一、高炉炼铁的基本工艺流程

高炉炼铁系统由庞大的高炉本体和辅助系统构成，主要包含原燃料系统、上料系统、送风系统、渣铁处理系统及煤气清洗系统。在建设投资中，高炉本体占 15 %～20 %，辅助系统则占 80 %～85 %。各系统相互关联、协同运作，共同支撑高炉实现巨大的生产能力。高炉炼铁过程在一个密闭的反应器内进行，图 1-3 展示了现代高炉的内型剖面图。

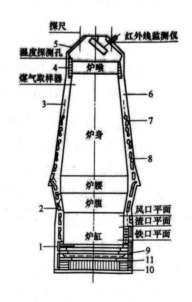

1—炉底耐火材料；2—炉壳；
3—炉内砖衬生产后的侵蚀线；4—炉喉钢砖；
5—炉顶封盖；6—炉体砖衬；
7—带凸台镶砖冷却壁；8—镶砖冷却壁；
9—炉底炭砖；10—炉底水冷管；
11—光面冷却壁

图 1-3　现代高炉内型剖面图

高炉炼铁过程的特点在于：在炉料与煤气逆流运动的过程中完成多种复杂交织的物理变化和化学反应。由于高炉属于密封容器，除去投入（装料）及产出（包括铁、渣和煤气）外，操作人员无法直接观察炉内反应过程，只能借助仪器、仪表进行间接观测。为了准确掌握炉内反应与变化的规律，操作人员应对冶炼全过程有整体把握，能够清晰描述运行中高炉的纵剖面及不同高度上的横截面图像，并正确理解与把握各单一过程及因素间的相互关系。

高炉冶炼的主要目标在于经济高效地利用铁矿石，产出温度与成分均达标的液态生铁。为此，首要任务是进行矿石中金属元素（主要是铁 Fe）与氧元素（O）的化学分离，即还原过程；其次，还要完成已还原金属与脉石的机械分离，这一过程涉及熔化与造渣。最后，通过调控温度，促进液态渣铁间的相互作用，以确保铁液的温度与化学成分均符合要求。整个冶炼过程依赖于炉料自上而下与煤气自下而上的紧密接触，确保炉料均匀稳定下降，并合理控制煤气流的均匀分布，这是实现高质量冶炼的关键所在。

高炉冶炼的全过程可概括为：在力求低消耗的条件下，借助受控的炉料与煤气流的逆向运动，高效地完成还原、造渣、传热及渣铁反应等一系列工序，从而获得化学成分与温度均理想的液态金属产品，以供后续工序——炼钢（炼钢生铁）或机械制造（铸造生铁）使用。

二、转炉、电弧炉炼钢的基本工艺流程

炼钢是根据所炼钢种的质量要求，调整钢中碳和合金元素的含量，使其控制在规定范围内，并将磷（P）、硫（S）、氢（H）、氧（O）、氮（N）等杂质的含量降低至限量以下。炼钢工艺流程主要分为转炉炼钢和电弧炉炼钢两种，如图 1-4 所示。

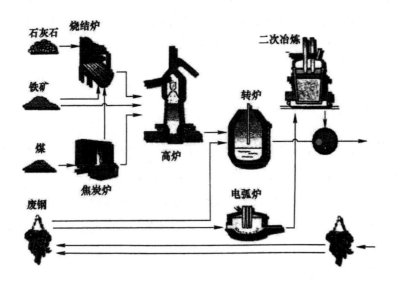

图 1-4 转炉炼钢和电弧炉炼钢工艺流程图

（一）转炉炼钢

转炉炼钢是一种在转炉内进行的炼钢方法，通过将工业纯氧吹入熔池，将氧化铁水中的碳（C）、硅（Si）、锰（Mn）、磷（P）等元素控制在合理范围内，从而冶炼成钢水。氧化过程中会释放大量热量（含 1 %的 Si 可使生铁温度升高 200℃），使炉内达到足够高的温度，因此转炉炼钢不需要额外使用燃料。

氧气通过氧枪或风眼进入炉内。由于氧枪或风眼在转炉上设置的位置不同，所以转炉可分为顶吹、侧吹、斜吹和底吹几种类型。由于氧气顶吹转炉具备显著优势，其发展迅速，目前已在世界各国广泛应用。氧气顶吹转炉的主要原料为铁水，因其热效率较高，可添加约 10 %的废钢。

氧气顶吹转炉炼钢操作可分为以下几个步骤：

（1）清渣与装料。首先清除上一炉遗留的炉渣，然后将转炉转至装料位置。根据炉料配比，先装入废钢和铁矿石，再装入温度为 1 200 ~ 1 300℃的铁水。

（2）吹炼。装料完毕后，将转炉转至吹炼位置，将氧枪从炉口插入炉内进行吹氧。氧气使铁水中的 C、Si、Mn、P 等元素迅速氧化，同时释放大量热量，促使加入的废钢熔化，此时炉口会冒出火焰和浓烟。为创造脱硫、脱磷的条件，还要向炉内加入石灰、萤石等造渣材料。吹氧至一定阶段，当 C、Si、Mn、P 等元素含量降至规定范围后，炉口火焰消失。此时停止吹氧，抽出氧枪，转动炉体进行取样分析和温度测量。若温度过高，可加入废钢进行冷却。当钢液成分与温度均符合要求时，即可进行出钢。

（3）脱氧与出钢。脱氧剂通常在出钢时加入钢水中。从装料到出钢，100 吨转炉仅需 40 分钟。

（二）电弧炉炼钢

电弧炉炼钢是一种通过电能转化为热能进行冶炼的工艺。其过程主要包括：将废钢作为原料装入炉内，通电后电极与废钢之间产生高温电弧，利用电弧热加热并熔化炉料，同时通过一系列冶金物理与化学反应，将废钢重新冶炼成符合要求的钢水。从工艺流程来看，电弧炉炼钢可分为五个主要阶段：原材料准备、冶炼前准备、熔化期、氧化期和还原期。

1.原材料的收集

废钢是电弧炉炼钢的主要原料，其质量直接影响钢的品质、成本以及电炉的生产效率。入炉废钢应满足以下要求：

（1）废钢表面应保持清洁，尽量减少锈蚀。若废钢中混有泥沙等杂质，不仅会降低炉料的导电性，延长熔化时间，还会影响氧化期的脱磷效果，并对炉衬材料造成侵蚀；若废钢锈蚀严重或沾有油污，则会降低钢中合金元素的收得率，增加钢中的含氢量。

（2）废钢中不得混入铅（Pb）、锡（Sn）、砷（As）、锌（Zn）、铜（Cu）等有色金属。铅的密度大、熔点低，不溶于钢液，容易沉积在炉底缝隙中，可能导致漏钢事故；而 Pb、Sn、As、Zn、Cu 等元素易引发钢的热脆性。

（3）废钢中不得混入密封容器、易燃易爆物及有毒物质，以确保安全生产。

（4）废钢的化学成分应明确，S、P 含量不宜过高。

（5）废钢的外形尺寸应符合要求，截面积不宜超过 150 mm×150 mm，最大长度不宜超过 350 mm。

此外，生铁在电弧炉炼钢中主要用于提高炉料的配碳量，其配入量一般不超过炉料的 30 %。

2.冶炼前的准备工作

配料是电炉炼钢工艺中不可或缺的组成部分，其合理性直接关系到炼钢工序能否按照工艺要求顺利进行冶炼操作。合理的配料不仅能够缩短冶炼时间，还能提高生产效率。在配料过程中，应注意以下几点：

（1）必须准确进行配料计算，并精确称量炉料的装入量。

（2）炉料的大小应按照适当比例进行搭配，以确保易于装炉并快速熔化。

（3）各类炉料应根据钢的质量要求和具体的冶炼方法进行合理搭配。

（4）配料成分必须符合工艺要求。

3.熔化期

在电弧炉炼钢工艺中，从通电开始到炉料全部熔清为止的过程被称为熔化期。熔化期约占整个冶炼时间的一半，耗电量占电耗总量的 2/3 左右。

熔化期主要包括启弧阶段、穿井阶段、电极上升阶段和熔化末了四个阶段。其任务是在保证炉体寿命的前提下，以最少的电耗快速将炉料熔化并升温，同时造好熔化期的炉渣，以稳定电弧、提前脱磷并防止吸气。造好炉渣是熔化期的重要操作内容之一。若仅需满足覆盖钢液及稳定电弧的要求，1%～1.5%的渣量即可；但从脱磷的角度考虑，熔化炉渣必须具备一定的氧化性、碱度和渣量。

4.氧化期

氧化期的主要任务包括：

（1）继续氧化钢液中的磷。通常要求氧化期结束时，钢中磷含量不高于0.015%。

（2）去除气体及夹杂物。氧化期结束时，钢中氮含量应降至0.004%～0.01%，氢含量应降至约0.00035%，夹杂物总量不高于0.001%。

（3）使钢液均匀加热并升温，氧化末期温度应达到高于出钢温度10～20℃。

5.还原期

氧化期扒渣完毕后至出钢的这段时间称为还原期。还原期的主要任务是脱氧、脱硫、控制化学成分以及调整温度。

还原期的操作工艺如下：

（1）扒渣后迅速加入薄渣料以覆盖钢液，防止吸气和降温；

（2）薄渣形成后进行预脱氧，往渣面上加入2.5～4kg/t的碳粉，加入碳粉后紧闭炉门，输入较大功率，使碳粉在电弧区与氧化钙反应生成碳化钙；

（3）电石渣形成后保持20～30min，注意观察电石渣是否变白，同时监控钢液的增碳情况。随着冶金理论和工程技术的进步，钢铁生产流程逐步向大型化、连续化、自动化和高度集成化演变。钢铁生产流程经历了从简单到复杂，再从复杂到简单的演变过程。连铸（凝固）工序不断向近终型、高速化方向发展，推动了钢铁生产流程向连续化、紧凑化、协同化的演变。"三脱"预处理和钢的二次冶金工艺的出现，使包括转炉炼钢、电弧炉炼钢在内的各工序功能日益简化和优化，从而缩短了冶炼时间，提高了生产效率。此外，热送热装和"一火成材"轧钢技术的发展，使连铸（凝固）工序之后的工序呈现出越来越简化、集成、紧凑和连续的特征。

第三节 钢铁生产的环境问题

一、环境及环境问题

（一）环境

人类的产生和发展，始终依赖于自然环境所提供的必要物质条件。18 世纪，哲学家孔德将周围环境系统概括为"环境"；19 世纪，社会学家斯宾塞则将这一概念引入社会学领域。20 世纪 60 至 70 年代，环境科学逐渐从多学科中独立出来，形成了统一的理论和独立的学科体系。当代环境科学所研究的范畴，主要聚焦于人类生存的空间及其直接或间接影响人类生活与发展的各种自然因素。《中华人民共和国环境保护法》明确指出，环境是指影响人类生存和发展的各种天然的和经过人工改造的自然因素的总体，包括大气、水、海洋、土地、矿藏、森林、草原、野生生物、自然遗迹、人文遗迹、自然保护区、风景名胜区、城市和乡村等。对人类而言，环境是生存与发展的物质基础。

人类与环境之间呈现出对立统一的关系。人类不仅通过自身适应环境，以自身的存在影响环境，还通过自身的活动改造环境，将自然环境转变为新的生存环境；而新的生存环境又反作用于人类，带来物质财富与精神享受，或给予人类无情的报复。在这一反复曲折的过程中，人类在改造自然环境的同时，也在改造自己。人类对自然界的利用和改造，是随着社会的发展而不断深化的。随着人类对环境认知和改造能力的提升，人类向自然界索取的能力也随之增强，这使得人类对环境的影响日益扩大，进而导致环境的改变；反过来，环境对人类的影响也在发生改变。

（二）环境要素

环境要素也被称为环境基质，是指构成人类环境整体的各个独立且性质不同，但又服从整体演化规律的基本物质组分。环境要素可分为自然环境要素和人工环境要素。目前，研究较多的是自然环境要素，因此"环境要素"通常特指自然环境，包括水、大气、生物、岩石、土壤、阳光等。然而，部分学者认为阳光不应包含其中，故环境要素并不完全等同于自然环境要素。

环境要素是构成环境的基本单元，这些单元共同组成了环境的整体或环境系统。例如，水构成了水体，所有水体的集合被称为水圈；大气形成了大气层，所有大气层的总和称为大气圈；土壤组成了农田、草地和土地等；岩石形成了岩体，所有岩石和土壤组成的固体壳层被称为岩石圈；生物体构成了生物群落，所有生物群落的集合被称为生物圈。

环境要素具备若干重要特征，包括最小限制率、等值性、环境整体性以及环境要素间的相互作用与影响。这些特征决定了各环境要素之间的联系与作用的性质，成为人类改造环境的基本依据。

（三）环境的分类

人类活动对环境的影响是综合性的，而环境系统也是从各个方面反作用于人类，其效应同样具有综合性。与其他生物不同，人类不仅以生存为目的影响并适应环境，还通过劳动改造环境，将自然环境转化为新的生存环境。这种新的生存环境可能更适宜人类生存，但也有可能恶化而不利于人类。在这一反复曲折的过程中，人类的生存环境已形成一个庞大、结构复杂、多层次、多组元且相互交融的动态体系。

按照人类的环境习惯分类，环境可分为自然环境和社会环境。自然环境，亦称地理环境，是指环绕于人类周围的自然界。它包括大气、水、土壤、生物和各种矿物资源等，是人类赖以生存和发展的物质基础。在自然地理学上，这些构成自然环境总体的因素通常被划分为大气圈、水圈、土壤圈、生物圈和岩石圈等五个自然圈。社会环境则是指人类在自然环境的基础上，为不断提高物质生活水平和精神生活水平，通过长期有计划、有目的的发展，逐步创造和建立起来的人工环境，如城市、农村、工矿区等。社会环境的发展和变化受自然规律、经济规律以及社会规律的支配和制约，其质量是人类物质文明建设和精神文明建设的标志之一。

根据环境的性质，环境可分为物理环境、化学环境和生物环境。物理环境是指研究对象周围的设施、建筑物等物质系统；化学环境是由土壤、水体、空气等组成的具有特定化学性质，并对生物生活产生影响的环境；生物环境则是指环境中其他活着的生物，与由物理、化学因素构成的非生物环境相对。

按照环境要素来分类，环境可以分为大气环境、水环境、土壤环境等。大气环境是指生物赖以生存的空气的物理、化学及生物学特性。其物理特性主要包括温度、湿度、风速、气压和降水，这些均由太阳辐射作为原动力所引起；化学特性则主要体现在空气的化学组成上。大气环境与人类生存密切相关，其各项因素几乎都可能对人类产生影响。水环境是指自然界中水的形成、分布和转化所处的空间环境，主要由地表水环境和地下水环境两部分构成。地表水环境包括河流、湖泊、水库、海洋、池塘、沼泽、冰川等；地下水环境则包含泉水、浅层地下水和深层地下水等。作为构成环境的基本要素之一，水环境是人类社会赖以生存和发展的重要基础。土壤环境是指岩石在物理、化学、生物的侵蚀和风化作用下，以及在地貌、气候等多重因素的长期影响下形成的土壤生态环境。其形成取决于母岩所处的自然环境，因风化岩石发生元素和化合物的淋滤作用，并在生物作用下产生积累或溶解于土壤水中，从而形成富含多种植被营养元素的土壤环境。

按照人类生存环境的空间范围，可将其由近及远、由小到大划分为聚落环境、区域环境、地球环境、地质环境和星际环境等层次结构。每一层次均包含性质各异的环境要素，并由自然环境和社会环境共同构成。

（四）环境自净及自净机制

环境自净是指大气、水、土壤等环境要素在遭受污染后，通过物理、化学和生物作用，使污染物的浓度和毒性逐渐稀释、降低，直至消失，最终恢复到原有的洁净状态。

环境自净机制主要包括以下三种：

1.物理净化

物理净化主要是指污染物在环境介质中通过稀释、扩散、沉降、挥发、淋洗和物理吸附等过程实现的净化。物理自净能力不仅受环境介质的温度、数量、流速以及环境的地形、地貌、水文条件等因素的影响，还与污染物的形态、密度、粒度等物理性质密切相关。

2.化学净化

化学净化包括氧化还原、沉淀、化合、分解、絮凝、化学吸附、离子交换和络合等化学反应。化学净化的效果受环境介质的温度、酸碱度、化学组成等因素的影响。

3.生物净化

生物净化是指微生物、植物、低等动物对污染物的降解、吞食和吸收过程。生物净化的效果受生物种类、污染物性质以及温度、养料和供氧状况等环境条件的制约。例如，需氧微生物能将污水中的有机物分解为二氧化碳、水、氨氮、磷等，而厌氧微生物则可将有机物分解为甲烷、硫化氢、硫醇、氨、二氧化碳等。通过生物吸收、分解和转化，使有机物无机化的过程是生物净化的主要途径。

环境自净能力是有限度的。当进入环境的有害物质超过环境自净能力时，环境污染就会发生。环境自净作用对环境保护极为重要，合理利用环境自净能力，对消除污染、保护环境能起到良好的效果。

（五）环境问题

环境问题通常指自然界或人类活动作用于周围环境，导致环境质量下降或生态失调，并反过来对人类的生产生活产生不利影响的现象。在人类改造自然环境和创建社会环境的过程中，自然环境依然按照其固有规律变化，而社会环境则受自然环境的制约，同样遵循其自身的规律运行。人类与环境不断相互作用，由此引发环境问题。

环境问题可分为两大类：一类是由自然因素的破坏或污染所引起，如火山活动、地震、风暴、海啸等自然灾害导致的环境元素分布不均引发的地方病，以及自然界放射性物质导致的放射病等；另一类则是人为因素造成的环境污染及自然资源与生态环境的破坏。人类在生产生活活动中排放的各类污染物（或污染因素）进入环境，超出环境的承受限度，造成环境污染与破坏；同时，人类在开发利用自然资源时，超越环境自身的承载能力，导致生态环境质量恶化，甚至出现自然资源枯竭的现象。这些问题均可归因于人为因素引发的环境问题。

人们通常所说的环境问题，多指人为因素所导致的结果。没有任何国家和地区能够逃避持续发生的环境污染和自然资源的破坏，这些问题直接威胁着生态环境，以及人类的健康和子孙后代的生存。因此，人们发出"只有一个地球"的呼声，并警告"文明人一旦毁坏了他们的生存环境，将被迫迁移或走向衰亡"，强烈要求保护人类赖以生存的环境。从根本上讲，环境问题的产生是经济和社会发展的伴生现象。

在人类社会早期，环境问题主要源于乱采乱捕，导致局部地区生物资源被破坏，进而引发生活资源短缺甚至饥荒。在以农业为主的奴隶社会和封建社会，环境问题主要集中在人口密集的城市，各种手工业作坊和居民丢弃的生活垃圾造成了环境污染。自工业革命至 20 世纪 50 年代，环境问题主要表现为大规模环境污染的出现，局部地区的严重污染引发了公害病和重大公害事件；同时，自然环境的破坏导致资源稀缺甚至枯竭，区域性生态平衡开始失调。当今世界，环境问题主要表现为环境污染范围扩大、难以控制、危害加剧，自然环境和自然资源难以承受高速工业化、人口激增和城市化的巨大压力，全球自然灾害显著增加。目前，已威胁人类生存并被人类认识到的环境问题主要包括全球变暖、臭氧层破坏、酸雨、淡水资源危机、能源短缺、森林资源锐减、土地荒漠化、物种加速灭绝、垃圾成灾、有毒化学品污染等。

环境是人类生存和发展的物质基础，同时也是制约因素。造成环境问题的根本原因在于对环境价值的认识不足，缺乏科学的经济发展规划和环境规划，因此必须在发展中解决环境问题。

二、环境污染和环境保护

（一）环境污染及其特点

环境污染是指自然或人为向环境中添加某种物质，超出了环境的自净能力，从而产生危害的行为。人为因素导致环境的构成或状态发生变化，环境素质下降，破坏了生态系统，扰乱了人类正常的生产和生活。

环境污染是各种污染物本身及其相互作用的结果，同时，它也因社会评价的影响而具有社会性。其特点主要有：

1.时间分布性

污染物排放的强度和总量具有显著的时间变化特征。以工厂为例，其排放的污染物种类及浓度会随生产时段的不同而波动；河流中的污染物浓度则在潮汐、丰水期和枯水期呈现出明显差异；受气象条件影响，同一地点同种污染物在不同时段的浓度差异可高达数十倍；此外，交通噪声强度也随车流量的时间分布而呈现出规律性变化。

2.空间分布性

污染物进入环境后，随着水和空气的流动而被稀释扩散。不同污染物的稳定性和扩散速度与污染性质有关，因此，不同空间位置上污染物的浓度和强度分布是不同的。

3.污染物之间的综合效应

在有毒或有害物质的环境中，单独存在一种物质的情况较为少见，通常是两种或两种以上的有毒或有害物质同时存在。这些共存的污染物除了各自对环境造成污染外，还会产生综合效应。在研究环境质量时，除了运用环境标准对每种污染物进行单独评价外，还应考虑污染物之间的综合效应。

（二）污染物及污染源

1.污染物

凡是以不适当的浓度、数量、速率、形态和途径进入环境，并对环境系统的结构和质量产生不良影响的物质、能量和生物，统称为污染物。

污染物有多种分类方法：

（1）按来源可分为自然污染物和人为污染物，有些污染物（如 SO_2）兼具自然与人为来源。

（2）按受影响的环境要素，可分为大气污染物、水体污染物、土壤污染物等。

（3）按形态，可分为气体污染物、液体污染物和固体废物。

（4）按性质，可分为化学污染物、物理污染物和生物污染物。

（5）按在环境中物理、化学性状的变化，可分为一次污染物和二次污染物。

（6）按对人体的有害作用，可分为致畸物、致突变物、致癌物、可吸入颗粒物及恶臭物质等。

污染物的种类繁多，性质各异。其性质可归纳如下：

（1）自然性。长期生活在自然环境中的人类，对自然物质具有较强的适应能力。科研工作者通过分析人体中 60 多种元素的分布规律，发现其中绝大多数元素在人体血液中的百分含量与它们在地壳中的百分含量极为相似。然而，人类对人工合成的化学物质的耐受力则要小得多。因此，区分污染物的自然或人工属性，有助于评估它们对人类的危害程度。

（2）毒性。氰化物、砷及其化合物、汞、铍、铅、有机磷和有机氯等污染物的毒性均较强。

（3）时空分布性。污染物进入环境后，随着水和空气的流动被稀释扩散，可能造成由点到面更大范围的污染。在不同的空间位置上，污染物的浓度和强度分布随时间的变化而不同，这由污染物的扩散性和环境因素所决定。水溶解性较好或挥发性较强的污染物，常能被扩散输送到更远的地方。

（4）活性和持久性。这一特性表明污染物在环境中的稳定程度。活性高的污染物，在环境中或处理过程中易发生化学反应，生成比原来毒性更强的污染物，造成二次污染，严重危害人体及生物。

（5）生物可分解性。某些污染物能被生物吸收、利用并分解，最终生成无害的稳定物质。大多数有机物都具有被生物分解的可能性。

（6）生物累积性。某些污染物可在人类或生物体内逐渐积累，尤其在内脏器官中长期积累，由量变到质变，从而引起病变，危及人类和动植物健康。

（7）对生物体作用的加和性。在环境中，仅存在一种污染物质的可能性很小，往往多种污染物质同时存在，因此考虑多种污染物对生物体作用的综合效应是必要的。

2.污染源

污染源是指造成环境污染的污染物发生源，通常指向环境排放有害物质或对环境产生有害影响的场所、设备、装置或个体。

按照排放污染物的种类，污染源可分为有机污染源、无机污染源、热污染源、噪声污染源、放射性污染源、病原体污染源以及同时排放多种污染物的混合型污染源；按污染物所影响的主要对象，可分为大气污染源、水体污染源、土壤污染源等；按污染物排放的空间分布，可分为点污染源、线污染源、面污染源；按污染源是否移动，可分为固定污染源和流动污染源（如汽车、火车等）；按人类社会活动功能，可划分为工业污染源、农业污染源、交通运输污染源和生活污染源。

（三）环境保护

环境保护是指人类为解决现实或潜在的环境问题，协调人类与环境的关系，保障经济社会的持续发展而采取的一系列行动的总称。它涵盖了行政、法律、经济、科学技术等多方面的措施，旨在合理利用自然资源，防止环境污染和破坏，以维护生态平衡，促进自然资源的再生，并确保人类社会的可持续发展。

环境保护的核心内容主要包括两个方面：一是防治环境污染及其他公害，改善环境质量，保障人民健康；二是合理开发与利用自然资源，防止环境污染和生态破坏，推动生产发展。环境保护的范围广泛，涉及地球保护、太空宇宙的保护，以及生存环境的维护，如陆地（地形、地貌等）、大气、水、生物（人类自身、植物、动物等）、阳光、文化遗产等。其主要任务是在社会主义现代化建设中，合理利用自然环境，防止环境污染和生态破坏，为人民创造清洁、适宜的生活和劳动环境，保障人民健康，促进经济发展。简而言之，环境保护要求人们运用现代环境科学的理论和方法，在有效利用资源的同时，深入认识并掌握污染和破坏环境的根源及其危害，有计划地保护环境，恢复生态，预防环境质量恶化，控制环境污染，推动人类与环境的协调发展。

环境保护旨在使环境更适宜人类工作与生活的需求，涉及人们的衣、食、住、行、娱乐等各个方面，都应符合科学、卫生、健康与绿色的标准。这属于微观层面的问题，既需要公民的自觉行动，也需要依赖政府的政策法规作为保障，并通过社区的组织教育进行引导。同时，需要工业、教育、军事、商业等各行各业共同参与、齐抓共管，才能真正解决。地球上的每个人都有义务保护地球，同时也享有地球上的一切资源，如海洋、高山、森林等。这些都是大自然的馈赠，也是每个人都应悉心爱护的。

（四）环境标准

环境标准是行政机关依据立法机关授权制定并颁布的，旨在控制环境污染、维护生态平衡与环境质量、保障人体健康与财产安全的法律性技术指标和规范的总称。我国环境保护标准包括环境质量标准、污染物排放标准、环保基础标准和环保方法标准。例如，环境质量标准包括《环境空气质量标准》《地表水环境质量标准》《城市区域环境振动标准》等；污染物排放标准包括《污水综合排放标准》《锅炉大气污染物排放标准》等。作为中国环境法体系的重要组成部分，环境标准是环境法制管理的基石与重要依据。截至 2023 年 11 月，我国已累计发布国家生态环境标准 2 882 项，其中现行有效的标准为 2 357 项，基本构建了支撑污染防治攻坚战的标准体系。这些标准在蓝天、碧水、净土保卫战以及排污许可制度改革等工作中发挥着关键作用。通过标准的引导、倒逼与推动，重点地区和重点行业加快了供给侧结构性改革，推动优质供给增加、落后低质供给减少或加速退出的绿色发展新趋势，增强了绿色生产信心。

为贯彻落实《中华人民共和国环境保护法》《中华人民共和国大气污染防治法》等法律法规，规范钢铁工业及炼焦化学工业排污单位的自行监测工作，国家环境标准《排污单位自行监测技术指南 钢铁工业及炼焦化学工业》于 2018 年 1 月 1 日正式实施。该标准明确要求排污单位查明生产中的污染源，确定污染物指标及潜在环境影响，制定监测方案，确保质量保证与质量控制，记录并保存监测数据与信息，依法向社会公开监测结果。此后，我国又相继颁布了《污染源源强核算技术指南 钢铁工业》等相关标准。

（五）我国环境保护的成就和存在的问题

1.我国环境保护的成就

经过多年持续努力，我国环境法规和标准体系日臻完善。截至 2023 年，我国已制定生态环境保护相关法律 30 余部、行政法规 100 多件、地方性法规 1 000 余件，并出台了大量其他涉及生态环境保护的法律法规，为构建和完善生态文明制度体系奠定了坚实基础。到 2024 年底，全国生态环境损害赔偿案件累计超过 5 万件，赔偿总额突破 300 亿元。

环境保护工作已取得显著成效，主要体现在以下三个方面：

首先，环境污染和生态破坏加剧的趋势得到有效遏制；

其次，部分流域和行政区域的污染治理初见成效，环境质量持续改善；

最后，工业产品的污染物排放强度持续下降，尤其是全社会环境意识显著增强。

2.我国环境保护存在的问题

尽管如此，我国经济社会发展仍面临资源与环境的严重制约，承受着巨大压力与严峻挑战。主要体现在以下五个方面：

（1）资源保障问题突出。我国人口约占全球的 1/5，但水资源仅占世界的 7%，森林资源占 4%，铁矿资源占 9%。如此有限的资源难以支撑高投入、高消耗的发展模式。

（2）生态负荷与承载力严重超标，污染总量持续攀升。水、大气、土壤、固体废物及声环境问题日益严重，生态功能退化现象普遍存在。

（3）环境隐患与生态灾害问题严峻。部分环境问题已危及群众健康与公共安全，造成重大经济损失。公众改善环境的呼声日益高涨，因环境问题引发的群体性事件也在不断增加。

（4）当前环境问题复杂多样。我国环境问题呈现出压缩型、结构型、复合型特征，工业、农业、生活污染相互叠加。环境污染、生态破坏与自然灾害相互影响，随着社会经济进一步发展，这些问题将更加凸显。跨流域、跨行政区域的环境问题日益严重，跨国界的环境污染与生态破坏问题也逐渐显现。全球气候变化、外来物种应对与防范、基因资源保护、持久性有机污染物及新化学物质污染控制等问题也愈发突出。

（5）环境管理等基础工作较为薄弱。监管手段相对缺乏，环保投入不足，环境法制、环保科技、环境产业等方面都需要进一步提升。

三、钢铁生产中的环境问题

钢铁工业作为国民经济的重要基础产业，其快速发展有力支撑了国家经济建设。然而，钢铁工业同时属于高能耗、重污染行业，其发展不可避免地带来环境污染问题。从原料结构来看，钢铁生产主要依赖煤炭和铁矿石；从能源消耗角度而言，钢铁生产过程中需要消耗大量煤炭和电能，堪称能源消耗大户。尽管在政府与企业的共同努力下，钢铁工业的污染问题已得到有效改善，但尚未从根本上解决其对环境的污染问题。作为国民经济的支柱产业，钢铁工业在为国家创造巨大经济效益的同时，也对人类赖以生存的环境造成了污染。综合各项因素分析，治理钢铁行业污染问题已刻不容缓。

钢铁工业生产包含一系列工序（如图1-5所示），每道工序均会产生不同种类的废弃物。根据污染物状态，废弃物可分为以下三类：

（1）固态废弃物，包括烟尘、尘泥、高炉渣、转炉渣、氧化铁皮及耐火材料等。

（2）液态废弃物，如冷却水、冲渣水以及含有有害元素的污水等。

（3）气态废弃物，主要包括二氧化碳、氮氧化物、二氧化硫以及VOCs（Volatile Organic Compounds，挥发性有机物，简称"VOCs"）等。

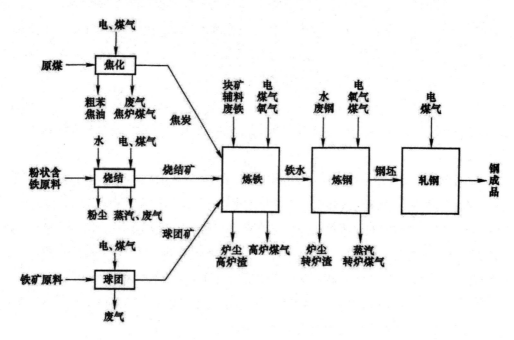

图1-5 钢铁企业生产流程图

钢铁生产流程中的排污节点众多，且各工序的污染排放特征各异，产生的浓度也有所不同。排放浓度的限值可参考《钢铁烧结、球团工业大气污染物排放标准》及《关于推进实施钢铁行业超低排放的意见》。根据生产工序的先后顺序，污染物排放可大致分为以下几个方面：

（1）原料系统。该系统在卸料、贮料及运输过程中产生的粉尘颗粒物，在整个生产流程中的排放占比约为 17.57 %。

（2）烧结系统与球团系统。烧结系统是指将铁粉矿等含铁原料与熔剂、固体燃料及水按一定比例混合制粒后，平铺在烧结机台车上，通过点火抽风使燃料燃烧，使烧结料部分熔化并黏结成块状的过程。球团系统则是将铁精矿等原料与适量膨润土均匀混合后，通过造球机制成生球，再经高温焙烧使生球氧化固结的过程。烧结过程中的污染物排放主要来自原料装卸作业及炉算上的燃烧反应，炉算燃烧产生的气体包括粉尘及其他燃烧产物，如一氧化碳、二氧化碳、氧化硫、氧化氮和颗粒物。其他排放物还包括由炭屑、含油轧制铁鳞中挥发物生成的 VOCs、在噪声条件下由有机物生成的二噁英、从原料中挥发出的金属（包括放射性同位素），以及由原料卤化成分生成的酸蒸气。球团过程的排放物与烧结过程基本相同。在造块过程中，次要排放物还包括铅、放射性同位素、VOCs、碳氢化合物及可吸入颗粒物等。

（3）炼焦系统。炼焦煤按生产工艺和产品要求配比后，装入隔绝空气的密闭炼焦炉内，经高、中、低温干馏转化为焦炭、焦炉煤气和化学产品，其中焦炭将作为铁矿石炼铁的还原剂。炼焦系统中产生的污染物包括废气、废水及颗粒物，其中废物分为悬浮固体、油、氰化物、酚和氨等。次要排放物还包括多环芳烃、苯、可吸入颗粒物、硫化氢及甲烷等。

（4）高炉系统。高炉系统运行过程中产生的排放物主要是含颗粒物的烟尘，其主要副产品为高炉渣，废水主要来源于气体净化和炉渣处理工序。高炉系统中的次要排放物可吸入颗粒物、硫化氢等则包括废水成分中的悬浮固体和油等。

（5）顶吹转炉炼钢。顶吹转炉炼钢过程中，主要废气与粉尘的排放源自吹氧阶段的氧气转炉炉口。排放的气体主要包括一氧化碳，其在炉内进一步氧化后，会生成部分二氧化碳；粉尘成分则以氧化钙、氧化铁为主，可能含有废钢铁带入的重金属元素，以及炉渣和石灰颗粒。

（6）电炉炼钢。电炉炼钢的主要排放物为粉尘和废气。粉尘主要由氧化铁及其他金属元素（如锌、铅）构成，这些金属元素来源于镀层钢或合金钢在熔炼过程中的挥发，或由废钢加料时混入的有色金属碎片。废气则主要通过闸门、电极孔、炉壁与炉顶之间的缝隙进入炉内，并包括废钢带入的矿物燃料及有机化合物燃烧产生的气体。电炉炼钢的次要排放物还包括锌、铅、汞、镍、铬等金属，以及 VOCs（挥发性有机化合物）、可吸入颗粒物等；废水成分则包括悬浮固体、油等。

（7）热轧。热轧阶段的排放物主要来自加热炉和均热炉的燃烧产物，如一氧化碳、二氧化碳、氧化硫、氧化氮物和颗粒物，其成分取决于燃料类型和燃烧条件。轧制过程中还会产生润滑油的VOCs，以及被铁鳞和油污染的废水。该过程产生的固体废物主要包括铁鳞皮和切余料。热轧阶段的次要排放物为VOCs，废水成分则包括悬浮固体、油等。

（8）酸洗、冷轧、退火和回火。这一工序产生的排放物包括来自退火炉和回火炉的燃烧产物，轧钢油产生的VOCs油雾，以及酸洗过程产生的酸性气溶胶。废水可能含有冷轧过程中的悬浮固体和油乳化液，以及酸洗过程的酸性废物。固体废物则包括切余料、酸洗污泥、酸再生污泥和废水处理装置的氢氧化物污泥。此工序的次要排放物为VOCs、酸性气溶胶、油烟、油雾，有关废水成分包括悬浮固体、油、溶解金属等。

（9）涂镀。涂镀工序的主要排放物包括VOCs、金属烟雾、酸性气溶胶、颗粒物、燃烧产物和气体等。次要排放物为金属（如Zn、Ni、Cr）、VOCs，有关废水成分包括悬浮物、油、金属等。

钢铁工业作为高能耗、高资源消耗的行业，对环境的现实影响和潜在风险都极为显著，这也决定了环境政策的制定不仅对当下，更对未来的钢铁工业发展具有深远影响。自1996年起，中国已稳居世界第一大钢铁生产国的地位，产量的持续攀升不可避免地加剧了能源与资源消耗，同时也带来了更为严峻的环境污染问题。这一现象不仅引发了国内各阶层的广泛关注，也引起了国际社会的高度重视。

近年来，我国钢铁行业的绿色发展步入快车道，污染减排政策体系逐步完善，治理技术日益成熟。各企业显著加大了污染治理投入，积极推进清洁生产、技术升级与结构调整，推动中国钢铁工业迈入了一个全新的发展阶段。总体而言，在钢铁工业经济持续快速增长的背景下，主要污染物排放强度逐年下降并趋于稳定，钢铁工业污染防治取得了显著成效。然而，由于长期过热发展对环境造成的累积影响，以及部分落后产能尚未得到有效清理，我国钢铁工业在绿色发展的道路上仍面临诸多亟待解决的挑战。

第四节 钢铁制造绿色化发展方向

一、绿色钢铁的基本理念

（一）绿色钢铁的概念和目标

绿色钢铁是一种综合考虑资源、能源消耗与环境影响的现代钢铁制造模式。其目标是在产品设计、制造、运输、使用到报废处理和再利用的整个生命周期中，最大限度地减少环境影响、提高资源利用率，同时实现企业经济效益、环境效益与社会效益的协调发展。

（二）绿色钢铁的内涵

绿色钢铁的内涵主要包含以下三个层面：

（1）钢铁企业通过采用大型化、连续化、自动化的制造装备，以及绿色制造工艺技术，实现企业内部绿色生产。

（2）钢铁企业通过功能转换，参与区域生态工业建设，遵循生态代谢原理，提升资源利用效率，减少资源浪费，实现企业效益最大化，持续改善环境质量。

（3）钢铁企业实现与外部环境的和谐共生，促进组织结构优化和行业区域布局合理化，推动经济、社会与生态环境的均衡协调发展。

（三）发展绿色钢铁的基本原则

1.遵循清洁生产的原则

绿色钢铁的发展主要在于钢铁生产从开采到制造过程的绿色化。钢铁企业要转变生产发展方式和污染防治方式，通过技术进步和提高管理，优化钢铁生产流程，实施清洁化生产。

2.遵循循环经济的原则

钢铁企业按照"减量化，再利用，资源化"的模式，由过去的"资源—产品—废弃物"变为"资源—产品—再生资源"的工业生态链。

3.遵循"低碳经济"的原则

钢铁企业在"碳基"钢铁生产为主流的情况未改变之前，以提高能源效率为主要目标，同时进行新技术的研究开发，最大化地实现废弃物的循环利用，最大限度地实现"双碳"目标。

二、钢铁生产工艺流程的绿色化方向

国内外钢铁企业绿色化生产技术的主要发展方向包括：发展高效生产技术以降低生产成本；实现水的闭路循环；提高固体废弃物和废气的综合利用率。

从绿色生产的角度来看，钢铁企业排放的固体废弃物主要包括尾矿、粉煤灰、含铁尘泥、高炉渣、钢渣和除尘灰，其中绝大多数可作为原料生产产品。钢铁企业废气排放量大、污染面广且温度高，具有较高的回收利用价值。目前，钢铁工业在资源与能源综合利用技术方面的开发、推广和应用前景良好。

我国钢铁工业主要包括烧结、焦化、炼铁、炼钢和轧钢五大生产工序，以及污水处理等生产辅助系统。根据部分钢铁生产企业的实践经验，推广应用各生产工序和生产辅助系统的重点绿色生产技术，是实现钢铁工业节能减排的有效途径。

（一）烧结工序

1.小球团烧结技术

小球团烧结技术通过改造原有烧结料混匀工艺中的圆筒混合机结构，如延长混合料的有效混动距离、添加雾化水、增设布料刮刀等，显著提升了粉矿的成球率与粒度。同时，采用蒸汽预热、燃料分加、偏析布料、增加料层厚度等措施，有效降低了燃料消耗、废气排放量及粉尘排放量，从而提高了烧结矿的质量和产量。该技术显著减少了烧结工序的能耗，提升了炼铁产量并降低了炼铁工序能耗，有力推动了炼铁工艺技术的进步。

2.烧结环冷机余热回收技术

烧结环冷机余热回收技术通过对现有冶金企业烧结厂的冷却设备（如冷却机台车罩、落矿斗、冷却风机等）进行技术改造，并配套除尘器、余热锅炉、循环风机等设备，能够充分回收烧结矿冷却过程中释放的大量余热,将其转化为饱和蒸汽供用户使用。此外,除尘器所捕集的烟尘可返回烧结工序循环利用。

3.烧结机头烟尘净化电除尘技术

烧结机头烟尘净化电除尘技术通过高压直流电在阴阳两极间形成足以使气体电离的电场。气体电离后产生大量的阴阳离子,使通过电场的粉尘获得相同电荷,随后粉尘沉积于极性相反的电极上,从而实现除尘。

4.低温烧结技术

低温烧结技术是一种在较低温度下对烧结混合料进行烧结的节能技术,能够获得质量优良的烧结矿。该技术不仅可以降低固体燃料消耗,还能提升烧结矿的品质,是烧结工序实现节能减排的重要手段,目前已在国内广泛应用。

(二)焦化工序

1.干法熄焦技术

干法熄焦技术采用循环惰性气体作为热载体,通过循环风机将低温循环气体输送至红焦冷却室,对红焦进行冷却,使其温度降至250℃以下后排出。吸收焦炭显热后的高温循环气体被导入废热锅炉进行热量回收,产生蒸汽;随后,循环气体经冷却和除尘处理,再由风机送回冷却室,形成循环冷却红焦的闭合系统。该技术可回收80%~86%的红焦显热,同时节约熄焦用水 $0.4 \sim 0.5 \ m^3/t$。

2.煤调湿技术

煤调湿技术是指在炼焦煤料装炉前,通过去除一部分水分,使其含水量稳定在6%左右,然后进行装炉炼焦。这项技术的应用不仅能够降低焦炉加热的煤气消耗量,还能有效提升焦炭的质量。

3.焦炉煤气HPF法脱硫净化技术

焦炉煤气脱硫脱氰工艺多样,近年来国内自主研发了以氨为碱源的焦炉煤气HPF法脱硫净化技术。该技术利用HPF催化剂(由对苯二酚、双核钛氰钴磺酸盐及硫酸亚铁组成的醌钴铁类复合型催化剂)的作用,使硫化氢和氰化氢在氨介质中先溶解、吸收,然后氨硫化物等通过湿式氧化形成元素硫和硫氰酸盐等物质,同时催化剂在空气氧化过程中得以再生。最终,硫化氢以元素硫形式、氰化氢以硫氰酸盐形式被去除。

4.炼焦炉烟尘净化技术

炼焦炉烟尘净化技术通过烟尘捕集、转换连接、布袋除尘器及调速风机等设施，有效地对炼焦炉在装煤、出焦过程中产生的烟尘进行净化处理。

5.焦炉煤气再资源化技术

传统的焦炉煤气主要作为加热燃料应用于钢铁工业设备。焦炉煤气再资源化技术涵盖多个领域，包括富余煤气发电、焦炉煤气生产直接还原铁、焦炉煤气变压吸附制氢，以及焦炉煤气生产甲醇、二甲醚等化工产品等。

（三）炼铁工序

1.高炉富氧喷煤技术

高炉富氧喷煤技术是在高炉冶炼过程中喷入大量煤粉，并结合适量富氧，以达到节能降焦、提高产量、降低生产成本及减少污染的目的。目前，该技术的正常喷煤量为 200 kg/t，最大喷煤能力可达 250 kg/t。

2.干式高炉炉顶余压余热发电技术

该技术结合干式除尘煤气清洗技术，将高炉副产煤气的压力能与热能高效转化为电能，不仅回收了减压阀组释放的能量，还显著提升了高炉炉顶压力的控制精度。此外，该技术具有发电成本低、无二次污染等特点，其发电量可满足高炉鼓风机所需能量的 25 %～30 %。与湿法高炉炉顶余压发电技术相比，干式高炉炉顶余压发电技术可提升发电量约 30%，节能效果显著。

3.高炉热风炉双预热技术

高炉热风炉双预热技术是通过将放散的高炉煤气在燃烧炉中燃烧产生的高温废气与热风炉烟道废气混合，利用混合烟气将煤气和助燃空气预热至 300℃以上，从而实现高炉 1 200℃风温的技术。目前，我国大中型高炉已逐步推广和应用该项技术。

4.高炉煤气布袋除尘技术

高炉煤气布袋除尘技术通过利用玻璃纤维的高耐温性能（最高可达 300℃）及其滤袋的筛滤、拦截等效应，将粉尘阻留在袋壁上；同时，形成的一次压层（膜）也具备滤尘功能，从而实现对高炉煤气的有效净化，为用户提供高质量的煤气。

（四）炼钢工序

1.转炉负能炼钢工艺技术

转炉负能炼钢工艺技术主要通过回收利用生产过程中产生的转炉煤气和蒸汽等二次能源，使得转炉炼钢工序的总能耗低于回收的总能量，因而被称为转炉负能炼钢。在转炉炼钢过程中，消耗的能量主要包括氧气、氮气、焦炉煤气、电力以及外厂蒸汽；而回收的能量则以转炉煤气和蒸汽为主，其中煤气平均回收量为 90 m³/t 钢，蒸汽平均回收量为 80 kg /t 钢。该技术可使每吨钢产品节能 26.3 kg 标准煤，同时减少烟尘排放量 10 mg/m³，有效改善区域环境质量。因此，推广此项技术对推动钢铁行业的绿色生产具有重要意义。

2.电炉优化供电技术

电炉优化供电技术通过在线测量电弧炉炼钢过程中供电主回路的电气参数，获取电炉变压器的电压、电流、功率因数、有功功率、无功功率及视在功率等运行数据。对这些电气参数进行分析处理，可以得出电弧炉供电主回路的短路电抗、短路电流等基本参数，从而制定出合理的电弧炉炼钢供电曲线。

3.电炉冶炼烟气除尘技术

电炉冶炼烟气除尘技术利用高温烟气的热抬升动力捕集烟气，解决现有技术难以捕集加料以及出钢时产生的二次烟尘问题。

4.高效连铸技术

高效连铸技术通过利用洁净钢水，结合高强度、高均匀性的一冷和二冷系统，以及高精度的振动、导向、拉矫和切割设备，在高品质的基础上，以高拉速为核心，实现了高连浇率和高作业率的连铸系统技术与装备。该技术主要包括接近凝固温度的浇铸工艺、中间包整体优化、二冷水动态控制、铸坯变形的优质化处理，以及引锭和电磁技术等方面的关键技术与装备。

5.钢渣热闷自解处理技术

钢渣热闷自解处理技术充分利用钢渣余热，通过生成蒸汽消解游离氧化钙和游离氧化镁，使其趋于稳定。钢渣中废钢的回收率较高，尾渣中的金属含量低于 1%，且基本无粉尘和污水排放。

6.转炉煤气净化及回收工程技术

转炉煤气净化及回收工程技术主要包含两种实现途径：

（1）转炉烟气依次通过移动裙罩、冷却烟道和蒸发冷却器进行降温与初除尘后，进入电除尘器净化；净化后的烟气经切换站分流，可切换至焚烧放散塔或煤气冷却器，经煤气冷却器冷却后送入煤气柜。经此处理，粉尘浓度（标态）可降至 10 mg/m³ 以下，每吨钢可回收 20 kg 含全铁 70 % 的干灰尘，同时回收 CO 含量为 60 % 的转炉煤气约 100 m³，且无二次污染。

（2）转炉烟气先经汽化烟道和冷却塔冷却，并除去大颗粒灰尘，然后通过除尘器净化；净化后的烟气经煤气引风机输送，合格煤气进入气柜，其余达标烟气点火放散。相较于传统湿法工艺，该技术可节能 20 %～25 %，节水 30 %，投资成本仅为同类进口设备的 20 %～30 %，运行维护工作量小，除尘效率可超过 99.95 %。

7.转炉煤气干法净化回收技术

转炉煤气干法净化回收技术主要用于净化和回收转炉炼钢过程中吹氧冶炼产生的煤气及烟气中的铁粉。在氮气保护下，粉尘经过输送和储存，并在高温、高压条件下压制成块。该技术除尘效率显著，且压制成型的粉尘可直接用于转炉炼钢。作为国际上公认的今后发展方向，该技术能够部分或完全补偿转炉炼钢过程中的全部能耗，有望实现转炉的无能耗炼钢。

（五）轧钢工序

1.蓄热式轧钢加热炉技术

蓄热式轧钢加热炉技术采用适用于各类气体和液体燃料的蓄热式高风温燃烧器，其热回收率可超过 80 %，节能效果显著，可节省能源 30 % 以上，同时提升生产效率 10 %～15 %。该技术不仅能够减少氧化烧损，还能有效降低有害气体排放。由于轧钢加热炉在轧钢工序中的能耗占比超过 50 %，目前该项技术已在国内逐步推广使用。

2.轧钢氧化铁皮生产还原铁粉技术

轧钢氧化铁皮生产还原铁粉技术采用隧道窑直接还原法，其主要工序包括还原、破碎、筛分和磁选。在高温条件下，铁皮中的氧化铁逐步被碳还原，并生成 CO。通过二次精还原工艺，可有效提升铁粉的总铁含量，降低 O、C、S 的含量，消除海绵铁粉碎过程中产生的加工硬化，从而改善铁粉的工艺性能。

3.连铸坯热送热装技术

连铸坯热送热装技术是在钢铁工业中，利用现有的连铸坯输送辊道或输送火车（汽车），在连铸车间与线材或板材轧制车间之间增加保温装置，将传统的冷坯输送改进为热连铸坯输送至轧制车间进行热装轧制。该技术通过充分利用连铸坯的物理热，不仅实现了节能降耗，还减少了钢坯的氧化烧损，提升了轧机产量。未来，钢铁工业在此领域应重点探索与不同结构加热炉的衔接、不同钢种的最佳装热温度，以及扩大可热送钢种的范围等。

第二章 高性能船体结构用钢及其绿色制造技术

第一节 船体结构用钢概述

船体结构用钢属于结构钢的一种，是具有特殊性能的结构钢。改革开放以来，我国船舶工业快速发展，在规模和技术水平上都实现了跨越性进步。自 2012 年起，我国年造船完工量已连续多年稳居世界第一，船舶工业也随之成为继建筑工业、机械工业、汽车工业之后的我国第四大用钢产业。船舶制造业需求的钢铁材料品种主要包括船板钢、型材和船用钢管，其中船板钢需求量占造船用钢总需求量的 80 % ~ 90 %。

船舶在蓬勃发展的海洋产业研究与开发中具有重要作用，随着人们对海洋的进一步探索和研究领域的不断扩大，对船舶性能也提出了更高要求，船舶需求正朝着高速、抗压、耐腐蚀、大型化等多方向发展，这对船体结构用钢的性能提出了更严格的要求。一般强度的船板钢已无法满足船体结构需求，而高强度级别的船板钢因其强度高、综合性能好，能够减轻船体自重、提高单位载重量，在船舶建造中的使用量逐年增加。

为了与船舶工业日益大型化、轻型化及环保化的发展方向保持一致，船舶制造业对船体结构用钢，尤其是高强度级船体结构用钢的质量要求也在不断提升。材料选择的优越性意味着行业发展的优越性，因此，对船体结构用钢的研究成为未来探索海洋的重中之重。在此背景下，钢铁行业需不断研发新产品以适应市场需求。总体来看，船体结构用钢的开发趋势正朝着强韧性配合良好、低温韧性及焊接性能优异、耐腐蚀、成本低廉和轻量化的方向发展。为适应使用环境要求并提高生产效率，大线能量焊接性能也成为船体结构用钢需要具备的重要性能。

第二节 船体结构用钢特点

各国船级社对船板钢的技术要求虽各有不同，但差异并不显著。船板钢按强度级别可分为一般强度级、高强度级和超高强度级三类，主要用于船舶及海洋工程结构。一般强度级船体结构用钢的最低屈服强度为 235 MPa，分为 A、B、D、E 四个质量等级，其物理意义分别对应在 20℃、0℃、-20℃、-40℃下船板钢应达到的冲击韧性标准。高强度级船体结构用钢按其最小屈服强度划分为 32 kg/mm²、36 kg/mm²、40 kg/mm²三个强度级别，相应的屈服强度最低值分别为 315 MPa、355 MPa 和 390 MPa；每个强度等级又根据冲击韧性的不同分为 AH、DH、EH、FH 四个级别，分别对应 0℃、-20℃、-40℃、-60℃下所能达到的冲击韧性。超高强度级船体结构用钢按其最小屈服强度分为 420 MPa、460 MPa、500 MPa、550 MPa、620 MPa、690 MPa、790 MPa 七个等级，每个强度级别再按冲击韧性要求分为 AH、DH、EH、FH 四个级别，共计 28 个级别。

船体结构用钢作为船体的重要组成材料，直接关系到船舶在实际应用中的安全性和可靠性。船舶的工作条件极为恶劣，不仅要承受海水的化学腐蚀、电化学腐蚀以及海洋生物的侵蚀，还要应对较大风浪的冲击和交变负荷作用。船体材料要具备承受巨大载荷的能力，并在恶劣环境下保持持久不变形，因此船体结构用钢必须具有足够的强度。对于无限航区的船舶，还要求其具有良好的低温韧性。此外，船体结构用钢还须具备以下特点：

1.良好的塑性与焊接性能

船体材料要经过加工、弯曲、冲压成型等步骤，因此必须确保其能够承受拉伸、热压、冷却等特殊成型工艺，并在过程中避免出现硬化及裂纹现象，否则将影响钢材的使用性能。鉴于此，船体结构用钢必须具备良好的塑性和焊接性能。

2.良好的韧性

金属材料在使用过程中能够消除应力集中，并具备优异的塑性变形能力，从而有效抑制钢铁材料内部裂纹的蔓延与扩展，避免其发生脆性破坏。由于船体结构用钢在服役过程中可能因应力集中而产生微裂纹，因此要求其必须具备良好的韧性。

3.高的疲劳强度

船舶在海洋航行过程中，高频振动不可避免地会导致疲劳裂纹的产生。疲劳裂纹会显著削弱船体结构用钢的抗脆性，因此疲劳强度是衡量船体结构用钢性能的关键指标。

4.优良的耐腐蚀性

海水是一种复杂的多盐类平衡溶液。船舶在航行过程中，不可避免地要面临大气、海水和微生物的腐蚀作用，因此耐腐蚀性也是衡量船体结构用钢的重要指标。

第三节 船体结构用钢冶金学原理

一、船体结构用钢合金设计基础

当前，钢铁行业以"低碳、高锰、微合金化"为核心理念来设计化学成分，用以生产高强度船体结构用钢。其中一种主要方法是在普通 C-Mn 钢或 C-Mn-Si 钢的基础上添加微合金化元素（如铌、钒、钛等），结合控制轧制工艺，精确调控沉淀析出相的尺寸与分布，以此实现晶粒的极致细化，从而显著提升钢铁材料的组织性能。

（一）主要化学元素的作用

船体结构用钢中各主要化学元素有如下作用：

1.碳（C）

C 几乎对钢的所有性能都具有显著影响。作为一种强固溶强化元素，随着钢中 C 含量的增加，钢的屈服强度、抗拉强度和疲劳强度均会提升，但冷脆倾向性和时效倾向性也随之增强，同时塑性和韧性则呈现下降趋势。值得注意的是，当 C 含量超过 0.23 % 时，钢板的焊接性能将明显恶化。此外，较低的 C 含量有助于充分发挥铌的细化晶粒和析出强化作用，因此高强度船体结构用钢的 C 含量通常控制在 0.2 % 以内。

2.锰（Mn）

Mn 是低合金高强度钢中常用的元素之一。它在冶炼过程中不仅能够脱氧，还可以固定硫元素，从而降低 S 对钢材力学性能的不利影响。Mn 能够显著提升钢的强度和硬度，同时略微降低钢的塑性，但对屈强比的影响几乎可以忽略。由于 Mn 能够减少晶界碳化物的形成，并细化珠光体组织，进而细化铁素体晶粒，因此能够有效提高钢材的韧性。尤其是当 Mn、C 的质量比（Mn/C）为 3 以上时，这种作用更为显著。基于这一原因，大多数钢材都会提高 Mn、C 的质量比。

3.硅（Si）

Si 在冶炼过程中主要发挥脱氧作用。它具有显著的固溶强化效果，能够大幅提升钢的抗拉强度，但对屈服强度的提升作用相对有限，因此随着钢中 Si 含量的增加，屈强比将呈现下降趋势。在 C 含量较低的情况下，Si 对钢的塑性影响较小，同时能够显著提高钢的临界脆性温度。然而，当 Si 含量超过一定范围时，会导致晶粒粗化，从而对材料的韧性产生不利影响。

4.硫（S）和磷（P）

S、P 对船体结构用钢都是极为有害的元素。为充分发挥控制轧制的效果，必须严格控制钢中的 S、P 含量。

S 主要来源于炼钢所需的矿石与燃料焦炭，它以硫化亚铁（FeS）的形态存在于钢中。FeS 与 Fe 形成低熔点化合物，而钢的热加工温度通常为 800~1 250℃，因此在钢材热加工时，FeS 化合物的过早熔化会导致工件开裂，这种现象被称为"热脆"。此外，S 会显著降低钢的强度、延展性及韧性，在轧制过程中引发裂纹，并削弱钢铁材料的焊接性能和耐腐蚀性。

P 则是由矿石带入钢中的，虽然它能提高钢的强度和硬度，却会严重降低钢的可塑性及韧性，尤其在低温条件下，P 会使钢铁材料显著变脆，这种现象被称为"冷脆"。"冷脆"不仅削弱了钢铁材料的可加工性和焊接性能，而且含 P 量越高，冷脆性越明显。

5.微合金化元素

目前，应用最为广泛的微合金化元素包括铌（Nb）、钒（V）和钛（Ti），这些元素能够充分满足控制轧制对微合金化元素的要求，具体表现为以下三个方面：

（1）在加热温度范围内，它们具有部分或完全溶解的足够溶解度；在钢铁材料加工和冷却过程中，能够形成特定尺寸的析出质点，从而在加热过程中有效阻碍原始奥氏体晶粒的长大。

（2）在轧制过程中，这些元素能够抑制再结晶以及再结晶后的晶粒长大。

（3）在低温条件下，它们能够发挥析出强化的作用。

大量研究证实，微合金化元素 Nb、V、Ti 的细晶强化和沉淀强化作用能够显著提升钢板强度。然而，由于每种元素及其形成的化合物在溶解度和物理性能方面存在差异，各元素的析出特性及强化机制也有所不同。

Nb 是生产高强度级船体结构用钢的关键合金元素。在控制轧制过程中，Nb 能够有效实现晶粒细化和中等强度的沉淀强化。首先，微量 Nb 显著提高奥氏体再结晶温度，从而扩大未再结晶区轧制的温度范围，使得在较高温度下进行多道次、大累积变形量的奥氏体未再结晶区轧制成为可能，为铁素体晶粒细化创造条件，达到通常需要通过低温轧制才能实现的细化效果。其次，Nb 延缓 $\gamma \rightarrow \alpha$（奥氏体→铁素体）转变，结合加速冷却能显著提升钢铁材料的强度。以 12 mm 厚钢板在 $\gamma \rightarrow \alpha$ 两相区控制轧制为例，仅添加 0.03 % 的 Nb 便可使碳钢抗拉强度在 500 MPa 的基础上提升至少 100 MPa。此外，Nb 在增强强度的同时，不会损害钢材的焊接性能。因此，在设计高强度级船体结构用钢时，应着重利用 Nb 的晶粒细化作用，在提升强度的同时确保韧性不降低。

V 能够产生中等程度的沉淀强化作用和较弱的晶粒细化作用，且其作用效果与其质量分数成正比。与铌相比，V 对奥氏体再结晶的阻止作用并不显著。V 仅在温度低于 900℃时对再结晶有延迟作用；而在奥氏体转变后，V 几乎完全溶解，因此几乎不会在奥氏体中形成析出物，仅以固溶体中的单一元素形式影响奥氏体向铁素体的转变。此外，钢中 N 含量对含 V 钢的影响显著，VN 或富氮的 V（C，N）能够抑制奥氏体再结晶，阻止奥氏体晶粒长大，进而细化铁素体晶粒，并可在铁素体内析出，起到析出强化作用。在实际应用中，高强度级船体结构用钢主要通过 Nb 的细晶强化作用和 V 的析出强化作用来提高钢板强度。

Ti 能够产生显著的沉淀强化作用和中等程度的晶粒细化作用。与相同强度等级的含 Nb 钢相比，含 Ti 钢的热轧或退火产品的抗脆性能力较低。即使 Ti 的含量极少（<0.02%），在高温条件下也能表现出强烈的抑制晶粒长大的效果。当 Ti 的添加量足够高时，Ti 还能与 S 结合形成 TiS（硫化钛），其塑性远低于 MnS（硫化锰），从而有效降低 MnS 的有害影响，使钢板的纵向和横向性能更加均匀。Ti 引起的屈服强度增加机制较为复杂。由于 Ti 与 N 具有强亲和力，Ti 在钢中会形成 TiN（氮化钛）。当 Ti 含量低于 0.025%时，钢的强度基本不变，这一临界值与 N 含量有关。关于理想的 Ti/N 质量比，有学者认为

最佳范围在 4 到 10 之间，也有学者则认为在 2 到 3.4 之间更为合适。另有研究表明，当钢中的 Ti/N 超过 3.4 时，TiN 的晶粒细化作用会减弱，且多余的 Ti 会与 C 结合形成 TiC，在低温时发挥析出强化的效果。对于 Ti 含量较高的钢，其强化作用与 Mn 的含量密切相关。

表 2-1 给出了 Nb、V、Ti 的微合金化效果及存在的普遍问题，其中 "●●" 为影响显著，"●" 为有效，"○" 为不明显。综合考虑可以看出，微合金化元素在对钢组织和性能的影响方面，以 V 最为显著。

表 2-1 Nb、V、Ti 的微合金化效果及存在的普遍问题

项目		微合金化元素		
		Nb	V	Ti
强韧化效果	晶粒细化			
	析出强化			○
	固氮效果	○		
	控制轧制操作性		●●	○
	控冷有效性	●	●●	
普遍问题	强度难控制	○	●	○
	合金化难度	○	○	●
	浇铸困难	○	○	●
	铸坯裂纹		○	○
综合性能				

Nb、V、Ti 是控轧控冷中最常用的微合金化元素。然而，单独添加这些元素时，往往难以满足实际生产需求，而复合添加则能取得显著效果。在加热阶段，Nb 和 V 能够完全固溶，而未溶解的 TiN 则能有效抑制奥氏体晶粒的长大。在轧制阶段，利用 Nb 可以抑制奥氏体的再结晶并阻止再结晶晶粒的进一步长大。在控制冷却阶段，Nb 和 V 的碳氮化物会在奥氏体相变过程中或相变后析出，通过综合运用析出强化和细晶强化，可使钢板获得高强度和高韧性。值得注意的是，在控轧控冷过程中，必须严格控制加热温度、轧制和冷却工艺参数，以充分发挥各种微合金化元素的细晶强化和析出强化效果。

（二）强韧化机制

目前，国内外船体结构用钢，尤其是高强度船体结构用钢，普遍采用微合金化与控轧控冷相结合的方法。这种方法通过在钢中合理添加 Nb、V、Ti 等微合金化元素，并运用控轧控冷工艺，有效提升了钢材的强韧性。其强韧化机制主要包括细晶强化、析出强化、固溶强化和相变强化等。

1.细晶强化

在金属材料领域，细化晶粒是目前能够同时大幅提升材料强度和韧性的主要方法。由于高强度级船体结构用钢对强度和韧性均有较高要求，细晶强化因而成为其重要的强化方式之一。根据霍尔-佩奇（Hall-Petch）提出的晶粒尺寸与屈服强度关系式（Hall-Petch公式），材料的屈服强度随晶粒直径的减小而增大，表明晶粒尺寸是决定材料强韧性的关键因素。在外力作用下，当临近晶粒的位错源启动时，晶界上的集中应力与位错塞集群的大小成正比。要达到相同的应力集中，较大的晶粒直径（即较长的塞积距离）在较小的外加应力下即可实现；而在塞积距离较短的情况下，则需要较大的外加应力才能形成相同的应力集中。因此，细晶粒组织的材料具有较高的流变应力。一旦流变发生，在高应力作用下，大量晶粒将同时发生塑性变形，导致应变硬化表现不明显，使得粗晶粒金属的应变硬化能力低于细晶粒金属。此外，粗晶粒组织内部变形不均匀，位错塞积产生的应力集中较大，裂纹更容易形核，因而其韧性较细晶材料更差。

由于晶界对位错运动和裂纹扩展具有阻碍作用，细化晶粒不仅能够提高钢的塑性，还能改善钢的韧性。低碳钢的韧脆转变温度表达式为：

$$T_n = T_0 - k \cdot d^{-1/2} \tag{2-1}$$

式中：T_n——韧脆转变温度；

T_0——依赖于化学成分的常数；

k——表示抵抗脆性裂纹传播的常数；

d——晶粒直径。

从式（2-1）中可以看出，随着晶粒尺寸的减小，韧脆转变温度降低，材料的韧性随之提高。基于上述分析，通过最大限度地细化材料晶粒尺寸，可实现更高强度与韧性的结合。在低碳含 Nb 微合金钢中，通过控制奥氏体未再结晶区的轧制工艺，可有效增加形变奥氏体晶界及形变带等晶体缺陷，从而为铁素体形核提供更多位置，进而细化铁素体组织。目前，在工业化生产中已能够制备出晶粒尺寸为 3～5μm 的细晶组织钢，使材料性能得到显著提升。

微合金化元素 Nb 在细化晶粒方面起着关键作用。在控制轧制过程中，Nb 主要通过提高再结晶温度、抑制奥氏体再结晶、阻止奥氏体再结晶晶粒长大等机制，为相变过程提供更多的形核位置，从而实现细晶强化。Nb 对奥氏体的细化作用主要体现在以下几个方面：

（1）在加热过程中，未溶解的 Nb（C，N）（铌的碳氮化物）能够通过钉扎晶界来阻止奥氏体晶粒粗化。然而，对于中低碳含 Nb 钢而言，大部分 Nb（C，N）在温度达到 1 150℃时会溶解，从而无法有效阻止奥氏体晶粒长大。因此，Nb 在阻止均热奥氏体晶粒长大方面的作用相对较弱。

（2）固溶的 Nb 通过溶质拖曳效应和析出粒子的钉扎机制，能够延迟和抑制奥氏体的再结晶行为。晶界处的溶质原子能够降低晶界及亚晶界的迁移率，并且当晶界和亚晶界移动时，溶质原子会对其施加阻力，降低其运动速度，从而减缓再结晶过程。由于再结晶形核过程与大角度晶界、亚晶界的迁移和位错的攀移密切相关，因此再结晶过程必然受到溶质原子的阻碍。此外，细小的析出粒子能够对晶界和位错产生钉扎作用，从而降低晶界和位错的移动速度，阻止再结晶形核和长大。

（3）Nb 对奥氏体回复具有显著的阻止作用。研究表明，Nb、V、Ti 的溶质原子均能阻止静态回复的发生，且阻止能力依次递减。这种阻止能力的差异主要与它们的扩散系数及其位错和空位之间的交互作用有关。由于 Nb 的溶质原子对位错移动和空位扩散具有较强的阻碍作用，因此其在阻止奥氏体回复方面表现出较强的效果，而 Nb（C，N）仅在回复初期能够延迟回复的发生。

（4）应变诱导析出的 Nb（C，N）能够有效阻止奥氏体再结晶晶粒的长大。研究表明，只有当析出粒子尺寸小于某个临界尺寸时，析出粒子才能对再结晶晶粒的长大起到阻碍作用。

通过新技术改善工艺，合理调整微合金钢的化学成分，进一步细化晶粒已成为当前工业研究的热点。

2.析出强化

船体用钢结构中通常含有一定量的 Nb、V、Ti 等微合金化元素，这些元素能够形成碳化物、氮化物或碳氮化物。在轧制过程中或轧后冷却过程中，这些微合金元素会沉淀析出，并与位错相互作用，从而产生第二相沉淀析出强化的效果。

第二相质点与位错之间的相互作用主要有两种方式：一是位错切过易变形的第二相

质点；二是位错绕过第二相粒子。沉淀粒子引发的析出强化作用随着粒子尺寸的减小和粒子体积分数的增加而增强。

除了沉淀析出相的大小对析出强化作用有影响外，其析出部位和形状也对析出强度产生影响。整个基体均匀沉淀析出的强化效果优于晶界析出效果；颗粒状析出比片状析出更有利于强化。在相变前对材料进行塑性变形，增加位错密度和第二相沉淀形核位置，可以使析出物更加弥散，从而增强析出强化作用。

高强度级船体结构用钢中添加微量的 Nb、V、Ti，旨在使固溶在奥氏体中的微合金化元素在相变时或相变后以细小的碳化物、氮化物或碳氮化物弥散析出，其强烈的沉淀析出强化作用可提高铁素体的强度，同时细小弥散析出物对材料塑性和韧性的不利影响也较小。

3.固溶强化

固溶强化是一种通过引入点缺陷来增强金属性能的方法。其原理在于溶质原子融入基体金属（如 Fe）后，会引起基体晶格畸变，同时阻碍位错的运动，从而提升材料强度。固溶强化主要分为间隙固溶强化和置换固溶强化两类。其强化效果受多种因素影响，根据大量实验结果分析，可归纳出以下规律：

（1）在有限固溶体（如碳钢）中，固溶体强度随溶质元素溶解量的增加而提高；而对于无限固溶体，当溶质原子浓度为 50 %时，强度达到最大值。

（2）溶质元素在溶剂中的饱和溶解度越小，其固溶强化效果越显著。

（3）形成间隙固溶体的溶质元素（如 C、N、B 等在 Fe 中）的强化作用优于形成置换固溶体（如 Mn、Si、P 等在 Fe 中）的溶质元素。

（4）溶质与基体的原子尺寸差异越大，强化效果越明显。

C、N 等元素在 Fe 中形成间隙固溶体，凭借其优异的扩散能力，可直接在位错附近形成柯氏气团（Cottrell atmosphere），对位错产生钉扎作用，从而提高材料的屈服强度和抗拉强度。然而，C 含量的增加会显著降低钢的韧性和可焊性。因此，在高强度船体结构用钢中，需要通过控制碳当量来实现良好的韧性和焊接性能。

4.相变强化

由于冷却后不同相的强度存在差异，通过相变产生的强化效应被称为相变强化。在钢中添加微合金化元素，并运用控制轧制和控制冷却技术（简称 TMCP 技术），可以获得多种室温组织，如铁素体-珠光体、贝氏体、铁素体-贝氏体、马氏体等，这些组织的强度和性能均能得到一定程度的提升。

然而，对于船体结构用钢而言，由于其性能要求，室温组织通常为铁素体-珠光体组织，因此相变强化对其作用并不显著。

二、船体结构用钢组织控制金属学基础

船体结构用钢的组织控制主要依赖于 TMCP 技术。TMCP 技术的核心在于将变形与热处理相结合，通过精确调控均热温度、轧制温度、道次压下量、冷却速度等工艺参数，优化奥氏体的形态及其相变产物的组织形态。同时，结合 Nb、V、Ti 等微合金化元素的碳氮化物析出，进一步细化相变组织，从而提升钢铁材料的强度、塑性和韧性。

作为实现钢铁材料组织细化的重要手段，TMCP 技术不仅能够降低能源消耗、简化生产工艺，还能显著提高钢铁材料的综合力学性能，因而在现代轧制生产中占据着不可或缺的地位。

（一）控制轧制

根据轧制过程中奥氏体组织状态的变化，控制轧制可分为三个阶段：奥氏体再结晶区控制轧制、奥氏体未再结晶区控制轧制以及奥氏体和铁素体两相区控制轧制。

第一阶段：奥氏体再结晶区控制轧制。该阶段的变形温度通常高于 1 000℃，在奥氏体变形过程中发生动态再结晶，并在随后道次的间隙时间内发生静态再结晶。随着轧制过程的反复进行，奥氏体晶粒逐渐细化。为促使奥氏体完全再结晶，应确保轧制温度高于再结晶温度，并保证足够的道次变形量，同时控制变形速度不宜过大。一般而言，在此区间内轧制时，随着道次压下量的增加，奥氏体再结晶后的晶粒尺寸逐渐减小，但存在一个极限值。该极限值决定了奥氏体再结晶细化铁素体晶粒的限度。对于含 Nb 钢，该极限值约为 20μm，而碳素钢则为 35μm 左右。

第二阶段：奥氏体未再结晶区控制轧制。奥氏体未再结晶区的温度范围为 950℃~Ar₃，该温度区间与钢的化学成分密切相关。在此区间内轧制时，奥氏体的再结晶受到抑制，变形使奥氏体晶粒被拉长，并在晶粒内部形成大量变形带、形变孪晶等缺陷，同时诱导微合金化元素的碳氮化物析出。这些变化显著增加了作为铁素体形核点的有效晶界面积，从而使相变后的铁素体晶粒更加均匀细小。未再结晶区轧制的总变形量应控制在

40 %~50 %或更大。对于微合金钢而言，微合金化元素（如 Nb、V、Ti 等）的加入能够有效提高奥氏体再结晶温度，扩大未再结晶区，从而有利于实现未再结晶区轧制。

第三阶段：奥氏体和铁素体两相区控制轧制。在此阶段，未相变的奥氏体晶粒因变形而被压扁，并在晶粒内部形成变形带，进而促使新的等轴铁素体晶粒形成；同时，先析出的铁素体晶粒因承受变形而形成亚结构，这有助于提高钢的强度并降低脆性转变温度。研究表明，当压下量超过 20 %时，铁素体的位错密度显著增加，从而提升钢的强度。两相区轧制不仅使得相变后的组织更加细小，还通过位错强化及亚晶强化的作用，进一步提高了钢的强度和韧性。

总的来说，控制轧制是对奥氏体硬化状态的控制，通过在奥氏体中积累大量变形能量，获得处于硬化状态的奥氏体，从而为后续相变过程中的晶粒细化创造条件。

（二）控制冷却

热轧变形导致奥氏体向铁素体的转变温度升高，相变后的铁素体晶粒随之长大，从而降低了产品的力学性能。因此，轧制后必须采用控制冷却工艺，以抑制变形奥氏体晶粒和铁素体晶粒的长大，在提升钢板强度的同时确保其韧性不受损害。控制冷却条件（包括开冷温度、冷却速度和终冷温度）对相变前的组织结构和相变产物均有显著影响，因此，制定合理的控制冷却参数是实现理想钢板组织和性能的关键。

控制冷却过程可分为三个阶段：一次冷却、二次冷却和三次冷却（空冷）。

一次冷却是指从终轧温度到相变开始温度或二次碳化物开始析出温度的冷却控制，其主要目的是调控相变前奥氏体的组织状态，防止高温下奥氏体晶粒的长大以及微合金元素碳氮化物的过早析出，同时固定位错、增大过冷度，为相变做好组织准备。

二次冷却是指在相变开始到相变结束温度区间内的冷却控制，其核心在于通过调节冷却速率和终止控冷的温度来调控相变产物，从而获得所需的金相组织。

三次冷却（空冷）是指从相变结束到室温的冷却控制，对于含 Nb 等微合金化元素的钢，空冷过程中可促进碳氮化物的继续析出，实现沉淀强化。

总体而言，控制冷却的核心在于对硬化状态的奥氏体相变过程进行调控，通过细化晶粒或形成贝氏体等强化相来实现相变强化，从而进一步提升钢铁材料的性能。

控制冷却主要通过调控轧后的冷却速度来优化组织性能，不同钢铁企业采用的冷却方式各异，导致钢板的冷却速度也有所不同。当前，国内外中厚钢板生产中常用的控制冷却方式包括压力喷射冷却、层流冷却、水幕冷却、雾化冷却、喷淋冷却、板湍冷却、水-气喷雾法加速冷却以及直接淬火等，可根据控冷工艺需求选择单一或复合的冷却方式。

第四节 船体结构用钢绿色化生产技术

一、TMCP 技术

随着海洋工业的蓬勃发展，船舶制造业迎来了前所未有的繁荣期。船体结构用钢作为造船的关键材料之一，其在造船生产成本中占比为 15%～20%，在船舶原材料供应价格中更占 70% 以上。近年来，船舶制造朝着大型化、轻型化和环保化方向迈进，对船体结构用钢的质量要求也日益提升。为顺应绿色发展趋势并满足客户对钢材性能的更高需求，科研工作者与钢铁企业联手研出 TMCP 技术，该技术现已广泛应用于高强度低合金钢板的生产领域。

作为 20 世纪钢铁工业的重大突破之一，TMCP 技术的核心在于将变形与热处理工艺有机结合，通过精准调控均热温度、轧制温度、道次压下量及冷却速度等关键参数，优化奥氏体形态与相变产物的组织结构，并借助 Nb、V、Ti 等微合金化元素碳氮化物的析出作用，实现相变组织的细化，从而显著提升钢材的强度、塑性和韧性。TMCP 技术不仅能耗低、工艺简洁，而且所产钢材力学性能优异，已成为现代轧制生产中不可或缺的关键技术。

二、超快速冷却技术

为进一步推动钢铁工业绿色可持续发展，我国需在船体结构用钢的生产过程中降低铁矿石、煤炭等原料的消耗，减少对微合金化元素的依赖，并控制有害气体排放，开发资源节约型高性能结构钢产品。当代科研工作者从控轧控冷技术中获得启示：钢铁材料的相变主要在轧后冷却过程中完成，这是调控组织状态和产品力学性能的关键手段。为弥补传统 TMCP 技术中控冷技术的不足，热轧板带轧后超快速冷却技术（Ultra Fast Cooling，简称 UFC 技术）应运而生。

UFC 技术的基本原理是：在传统层流冷却的基础上，通过缩小每个出水口的口径、增加出水口密度、提升水流压力，确保即使小流量的水流也能获得较大能量和冲击力，从而击破冷却水与钢板界面形成的气膜，使单位时间内更多的新鲜冷却水直接冲击热交换表面，显著提高换热效率，实现超快速冷却。

UFC 技术的作用主要体现在以下三个方面：

（1）细晶强化：UFC 技术能够抑制变形奥氏体的再结晶，防止奥氏体软化及晶粒粗化，为后续相变过程中细化铁素体晶粒奠定基础。

（2）析出强化：UFC 技术能够抑制奥氏体中碳氮化物的析出，使析出过程在较低温度下进行，从而使析出粒子更加细化且数量增加。

（3）相变强化：UFC 技术能够抑制奥氏体高温相变，促进中温或低温相变的发生。

世界上第一套超快速冷却实验装备由 Hoogovens-UGB 厂开发，成功对厚度为 1.5 mm 的钢板实现了 900℃/s 的冷却速率，且板形未因强冷而受到影响。比利时 CRM 中厚板厂采用此技术，对 4 mm 的热轧带钢实现了 400℃/s 的超快速冷却。日本在 20 世纪 90 年代由 JFE 钢铁公司开发的 Super-OLAC 系统在福山厂应用，可对 3 mm 的热轧带钢实现 700℃/s 的超快速冷却。

在我国，部分专业院校和科研机构也相继开展了 UFC 技术的研究。例如，轧制技术及连轧自动化国家重点实验室（简称"RAL"）在实验室研究和工业推广方面取得了显著成果，率先开发了用于热轧带钢的超快速冷却装置，并在包头钢铁（集团）有限责任公司 1 700 mm 薄板坯连铸连轧机组上实现了工业应用。随后，RAL 将 UFC 技术逐步推广至热轧带钢、中厚板、棒线材及 H 型钢的工业生产中。RAL 针对不同钢材种类开发的控冷系统统称为 AD-COS（Advanced Cooling System，高级冷却系统）。在中厚板生产领域，RAL 采用"倾斜喷射的超快冷+层流冷却"的设计，于 2007 年在河北敬业集团有限公司的 3 000 mm 中厚板轧机上安装了实验系统，并于 2010 年 3 月和 5 月分别在鞍山钢铁集团公司（简称"鞍钢"）4 300 mm 中厚板轧机和首钢集团首秦公司（简称"首秦"）4 300 mm 中厚板轧机上投入运行。

三、新一代 TMCP 技术

在 TMCP 技术的基础上，结合超快速冷却装置的应用，新一代 TMCP 技术（简称 NG-TMCP）应运而生。NG-TMCP 的核心思想在于：在较高的奥氏体温度区间内完成连续大变形和应变积累，获得硬化的奥氏体；然后立即进行超快速冷却，使轧件迅速通过奥氏体区，从而将奥氏体的硬化状态保留至新的相变区。超快速冷却在奥氏体向铁素体相变的动态相变点终止，之后根据产品组织和性能的需求制定冷却路径。由于热履历和冷却工艺的差异，TMCP 技术与 NG-TMCP 的生产过程及产品组织性能会有所不同。相较于 TMCP 技术，NG-TMCP 具有更高的轧制温度，能够降低钢材的变形抗力，从而减轻生产设备的负荷；同时，由于超快速冷却对晶粒的细化作用，微合金化元素的添加量得以减少，显著节省了资源和能源，降低了生产成本。该技术可实现节约型减量化生产，对推动钢铁工业的绿色可持续发展具有重要作用。

第五节 船体结构用钢典型产品及应用

自 20 世纪 50 年代起，HY-80 钢和 HY-100 钢便在美国广泛用于各类潜艇的建造。1956 年，这两种钢材首次应用于潜艇建造并取得显著成功，这一成就被视为船体结构用钢发展历程中的新里程碑，并推动了对钢材性能的持续改进、质量提升及规范的修订。至 1992 年，HY-80 钢和 HY-100 钢已成为美国最主要的潜艇及大型水面舰艇用钢。这两种钢材虽具有高强度与优异的低温韧性，但焊接性能较差。经过数十年的应用实践和研究改进，到 20 世纪 90 年代末，HY-80 钢和 HY-100 钢已成为美国乃至全球最为成熟和完善的潜艇用钢。

随着超纯净钢冶炼、微合金化及 TMCP 技术等制造技术的发展，为提高舰船用钢的焊接性能并降低焊接成本，美国率先提出了新一代 HSLA（高强度低合金钢）舰船用钢的开发计划。由美国伯利恒钢铁公司、卢肯斯钢铁公司和 USX 钢铁公司制成钢坯，日本开展了 TMCP-DQ（热机械控制工艺-直接淬火）和 ACC（加速冷却控制）等工业试制。随后，美国从日本引进了 DQ 和 AC 设备，开始工业化生产强度与韧性分别与 HY-80 钢和 HY-100 钢相当的 Cu 析出沉淀强化型 HSLA-80 钢和 HSLA-100 钢。这一举措显著降低了生产成本并提高了生产效率，形成了大型水面舰船结构用钢的新体系，而大型水下潜艇仍继续采用 HY 系列结构用钢。

HSLA-80 钢的强度主要依靠时效热处理过程中形成的纳米 ε-Cu 析出获得，其制造工艺严格遵循 ASTM A710 钢的生产规范，且在化学成分、拉伸性能、缺口韧性和质量保证方面均比 ASTM A710 钢的要求更为严格。20 世纪 80 年代，美国根据水面战斗舰艇的使用需求对 HSLA-80 钢进行了认证，并按照军用材料规范 MIL-S-24645 组织生产。随着水面舰船对减轻甲板以上结构质量的需求日益迫切，美国海军开发了 HSLA-100 钢以替代 HY-100 钢，旨在降低成本、减轻质量并降低船体重心。HSLA-100 钢是在研究 HSLA-80 钢的基础上发展而来的，主要通过提高 HSLA-80 钢中的 Mn、Ni、Cu 和钼（Mo）含量，将其屈服强度从 550 MPa 提升至 690 MPa。1989 年，HSLA-100 钢通过认证并开始应用于水面舰船结构；1990 年，美国海军发布了军用规范 MIL-S-24645A，其中包含 HSLA-100 钢的相关标准。20 世纪 90 年代初，为满足新型航空母舰减轻质量和降低重心的进一步需求，美国研制了 HSLA-65 钢和 HSLA-115 钢。自 2008 年起，美国建造的新型航空母舰 CVN-78 号采用 HSLA-65 钢作为主壳体材料，HSLA-115 钢则用于飞行甲板、栈桥甲板等部位。图 2-1 展示了美国海军舰船用钢的发展历程及其典型应用。

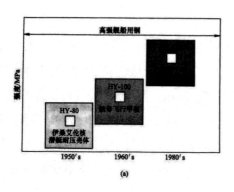 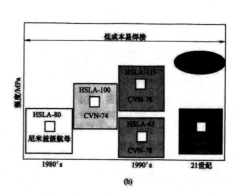

（a）HY 系列大船结构用钢； （b）HSLA 系列大船用钢

图 2-1 美国海军舰船用钢发展历程及其典型应用

表 2-2 展示了美国 HSLA 系列和 HY 系列舰船结构用钢的化学成分。通过对比可以

看出，HSLA 钢的 C 含量通常低于 0.06 %（质量分数，下同），而 HY 钢的 C 含量则普遍高于 0.10 %，甚至超过 0.14 %。这一差异表明，新一代大型水面舰船结构用钢的 C 含量已显著降低，钢铁材料的强化不再主要依赖 C 的间隙固溶强化和组织强化。HSLA 钢的主要合金元素包括 Ni、Cu 和 Mo。随着钢板厚度的增加，Cu 和 Mo 的含量略有上升，而 Ni 含量则显著增加，以确保厚钢板的相变组织均匀性和整体低温韧性。此外，HSLA 钢的低 C 含量设计显著提升了其焊接性能。相比之下，HY 钢的主要合金元素为 Ni、Cr 和 Mo。随着钢板厚度的增加，Ni 含量显著上升，Cr 和 Mo 的含量略有增加，C 含量也有一定程度的提高，这可能会对其焊接性能产生不利影响。

表 2-2 美国 HSLA 系列和 HY 系列舰船结构用钢的化学成分

钢种	厚度 /mm	化学成分（质量分数）/ %								
		C	Mn	Si	Ni	Cr	Mo	Cu	V	Nb
HSLA-65	≤32	0.03~0.10	1.10~1.65	0.10~0.50	≤0.40	≤0.20	0.03~0.08	≤0.35	0.04~0.10	0.02~0.06
HSLA-80	≤32	≤0.06	0.40~0.70	≤0.40	0.70~1.00	0.60~0.90	0.15~0.25	1.00~1.30	≤0.03	0.02~0.06
	≤25	≤0.06	0.75~1.15	≤0.40	1.50~2.00	0.45~0.75	0.30~0.55	1.00~1.30	≤0.03	0.02~0.06
HSLA-100	≤51	≤0.06	0.75~1.15	≤0.40	2.50~3.00	0.45~0.75	0.45~0.60	1.00~1.30	≤0.03	0.02~0.06
	≤152	≤0.06	0.75~1.15	≤0.40	3.35~3.65	0.45~0.75	0.55~0.65	1.15~1.75	≤0.03	0.02~0.06
HY-80	≤32	0.10~0.18	0.10~0.40	0.15~0.38	2.00~3.25	1.00~1.80	0.20~0.60	≤0.25	≤0.03	
	32~76	0.13~0.18	0.10~0.40	0.15~0.38	2.50~3.50	1.40~1.80	0.35~0.60	≤0.25	≤0.03	
	76~203	0.13~0.18	0.10~0.40	0.15~0.38	3.00~3.50	1.50~1.90	0.50~0.65	≤0.25	≤0.03	
HY-100	≤32	0.10~0.18	0.10~0.40	0.15~0.38	2.25~3.50	1.00~1.80	0.20~0.60	≤0.25	≤0.03	
	32~76	0.14~0.20	0.10~0.40	0.15~0.38	2.75~3.50	1.40~1.80	0.35~0.60	≤0.25	≤0.03	
	76~152	0.14~0.20	0.10~0.40	0.15~0.38	3.00~3.50	1.50~1.90	0.50~0.65	≤0.25	≤0.03	
HY-130	≤203	≤0.12	0.60~0.90	0.15~0.35	4.75~5.25	0.40~0.70	0.30~0.65	≤0.25	≤0.05~0.1	

第三章 高性能建筑结构用钢及其绿色制造技术

第一节 建筑结构用钢概述

建筑结构主要可分为四类：砖木结构、砖混结构、钢筋混凝土结构和钢结构。钢结构建筑因具备结构轻、土地利用率高、空间大、可工业化生产、工期短、环保节能及可循环回收等优势，自 20 世纪 50 年代从欧洲兴起后，逐渐成为高层建筑的主流趋势。在日本，高度超过 200 米的高层建筑均采用钢结构，而美国和西欧新建的高层建筑也以钢结构为主。

近年来，我国钢结构建筑发展迅速。20 世纪 80 年代的网架结构、20 世纪 90 年代的轻钢房屋得到广泛应用，尤其是高层钢结构的出现，开启了我国建筑钢结构的新篇章。自 1985 年起步以来，我国现代高层钢结构建筑已建成上百座，如新保利大厦、上海环球金融中心、国家游泳中心、中央电视台总部大楼等均为钢结构建筑。此外，国家体育场的建造在我国钢结构建筑史上具有重要地位，经过对整体计算模型的多次优化调整，其外部主体用钢量达 4.2 万吨。

钢结构建筑不仅具备优异的抗震性能，还对住宅产业化和工业化发展具有高度适应性。例如，日本阪神大地震的相关资料显示，地震中钢结构建筑特别是高层建筑的震害较轻，主要表现为表面装饰材料和维护结构受损，这充分体现了钢结构建筑良好的抗震特性。因此，在近年来的工程实践中，人们越来越重视钢结构的开发与应用；同时，专家建议在地震区推广钢结构，尤其是在学校、医院等公共建筑中采用钢结构。

2024 年，我国粗钢产量达 10.05 亿吨，生铁产量为 8.52 亿吨，钢铁材料产量为 14 亿吨。钢结构建筑作为我国能够快速发展的朝阳产业，具有广阔的发展前景。

第二节 建筑结构用钢发展趋势

一、高强度

随着建筑物高度的不断增加,普通抗拉强度为 400 MPa 和 490 MPa 级别的高层建筑结构用钢已难以满足需求。在 20 层以上的建筑中,将建筑结构用钢的抗拉强度从 490 MPa 提升至 590 MPa,可显著节约钢铁材料。目前,抗拉强度为 590~780 MPa 已成为建筑结构用钢的发展趋势,其中 HBL385、SA440、SA620 等产品的抗拉强度分别达到 550 MPa、590 MPa 和 780 MPa,能够满足 16 ~ 100 mm 厚度的高层建筑结构用钢需求,并已成功应用于高层建筑中。近年来,随着工程建设的蓬勃发展,我国的建筑结构用钢也取得了长足进步。例如,国家体育场和中央电视台总部大楼所使用的建筑结构用钢——Q460E/Z35,其屈服强度为 460 MPa,抗拉强度达 530 MPa,填补了国内空白。然而,与发达国家相比,我国的建筑结构用钢仍存在一定差距,亟须开发更高强度的建筑结构用钢。

二、厚规格

随着建筑物日益向高层化、大型化发展,对屈服强度超过 460 MPa、厚度超过 100 mm 的特厚板需求更加迫切。然而,建筑结构用钢的厚度增加不仅会加大焊接难度,还会导致强度降低和低温韧性恶化。为确保钢铁材料心部具备较高的强度和韧性,厚规格高层建筑结构用钢的生产通常采用铸锭工艺,以保证一定的压缩比。对于厚度超过 100 mm 的厚板,普遍采用正火或调质等热处理生产工艺。以国家体育场建造中使用的 110 mm 厚的 Q460E/Z35 建筑结构用钢为例,该钢材采用大钢锭无缺陷浇铸技术和正火控冷热处理工艺,不仅确保了较高的钢板强度,还具备良好的低温韧性,其-40℃低温冲击韧性为 180J 以上,Z 向断面收缩率高达 69 %。

相较于铸锭工艺,连铸坯具有能耗低、成材率高、工艺流程短等优势,但在生产建筑用厚板时也存在压缩比低、心部质量差等不足。目前，我国投产的 4 000 mm 以上生产线（除宝山钢铁股份有限公司 5 000 mm 轧机保留铸锭生产线外）均采用连铸坯生产技术，因此如何利用连铸坯生产 100 mm 及以上的特厚建筑结构用钢板成为亟待解决的课题。

三、高性能

高层建筑结构用钢具有与一般或其他专用结构用钢不同的特点，且需满足表 3-1 所列的特殊性能要求。

表 3-1 高层建筑结构用钢性能要求

高层建筑需求		高层建筑用钢性能要求
①高层化（土地资源利用率）		高强度、厚规格
②空间大（设计新需求）		高强度、厚规格
③抗震防震	a.塑性变形能力强	低屈强比、高伸长率、窄屈服强度波动范围
	b.吸收地震能量	低屈服强度
	c.断裂安全性高	高韧性
④防火		高温下仍具有较高的强度
⑤设计简化		厚度效应小
⑥制造成本低、效率高、质量好		大线能量焊接、焊接性能优良、抗层状撕裂

高层建筑结构用钢应具有如下特点：

（1）低屈强比。

（2）良好的韧性和塑性。

（3）窄屈服强度波动范围和较小的厚度效应。

（4）抗层状撕裂能力（厚度方向性能）。

（5）良好的焊接性能，可以实现大线能量焊接，做到焊前不预热，焊后不需要热处理。

（6）具有耐火性能。

（一）低屈强比

屈强比（Yield Ratio，YR）是材料屈服强度与抗拉强度的比值，其大小可以反映材料应变强化能力，即材料塑性变形时不产生应力集中的能力。结构用钢材料的屈强比 YR、应变硬化指数 n、屈服点延伸 E_L 和均匀伸长率 E_u 四者间有如下的关系：

$$E_u = \exp(n) - 1 = n \qquad (3\text{-}1)$$

$$\ln\left(\frac{1}{YR}\right) = \ln[\ln(n) - 1] + \ln(1 + E_L) - n\ln[\ln(1 + E_L)] \qquad (3\text{-}2)$$

屈强比越低，均匀伸长率即材料破断前产生稳定塑性变形能力越高。根据结构力学分析，长度为 L 的梁，受地震所产生的等梯度力矩 Lp 作用时，在破断前塑性应变区所能扩散的范围为：

$$Lp = (1 - YR) \times L/2 \qquad (3\text{-}3)$$

由此可知，屈强比越低，塑性变形均匀分布的范围越广，可有效避免应力集中，进而降低材料的整体塑性变形能力。梁柱结构在地震发生时，在地震产生的定向位移应变作用下，其应变分布的有限元计算结果如图 3-1 所示。可以发现，采用低屈强比的梁柱结构，其塑性变形能够均匀地分布到较广的范围；而采用高屈强比的梁柱结构，则存在应变集中导致破裂的风险。目前设计上要求塑性应变区扩散的长度应大于梁的高度，由式（3-3）可得，$YR < 1\text{-}2\ D/L$，以较严格的 D/L 比值 1/10 可计算出 YR 应小于 0.8，这便是目前抗震结构用钢要求屈强比小于 0.80 的由来。

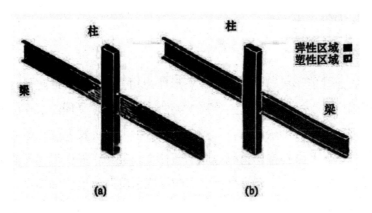

（a）低屈强化，YR=0.76；（b）高屈强化，YR=0.87

图 3-1 梁柱在地震作用下的应变分布

基于上述原理，为了提高高层建筑的抗震能力，必须控制钢的屈强比。屈强比越低，屈服后将有较长的均匀变形阶段，能够吸收更多的地震能量，如图3-2所示。若屈强比较高，则会产生局部应力集中和局部大变形，结构只能吸收较少的能量。因此，屈强比是衡量高层建筑结构用钢抗震性能优劣的一个重要参数。欧洲建筑结构用钢要求屈强比小于0.91，而日本则要求建筑结构用钢屈强比小于0.80。

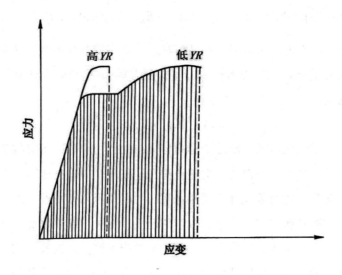

图3-2 屈强比对塑性变形的影响

（二）其他性能要求

1.窄屈服强度波动

建筑物的抗震性能不仅与钢材的塑性变形能力相关，还与钢材屈服强度的波动密切相关。若屈服强度波动过大，往往会导致实际性能偏离设计预期。以6层建筑物的框架材料为例，当屈服强度波动较大时，如图3-3所示，可能引发多种破坏形态。其中，Ⅲ型为整体破坏机制，其结构整体具有较高的塑性变形能力，展现出优良的抗震性能。然而，当屈服强度波动较大时，框架材料之间的屈服强度匹配度将偏离设计要求，导致建筑物的塑性变形易集中于少数强度较低的梁柱节点，从而导致塑性变形节点数量锐减，削弱结构的抗震性能，并引发Ⅰ型或Ⅱ型的局部脆性破坏。因此，严格控制建筑结构用钢屈服强度的波动至关重要。高层建筑结构用钢标准中已对屈服强度的波动范围做出了明确规定。

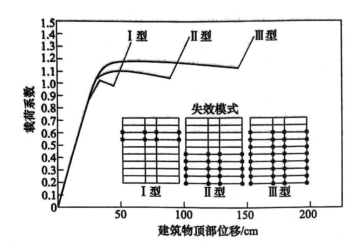

图 3-3 钢结构的失效机制与载荷-变形的关系

2.抗层状撕裂

在高度约束状态下焊接钢板时，沿其厚度方向可能产生较大应变，进而引发层状撕裂。以梁翼缘板与柱翼缘板直接焊接为例，柱梁板易发生层状撕裂，且钢板越厚，层状撕裂的发生概率越高。因此，高层建筑结构用钢必须具备良好的抗层状撕裂性能。目前，通常通过板厚方向拉伸试验所得的断面收缩率来评估钢板的抗层状撕裂能力，这类钢材被称为 Z 向钢。一般而言，根据收缩率的大小制定抗层状撕裂钢的性能指标，如收缩率大于 15 %、25 %、35 %的钢材分别对应 Z15、Z25、Z35 等不同 Z 向性能指标。通过减少钢中夹杂物、降低硫含量以及对夹杂物进行钙处理等冶金措施，均能有效提升钢材的抗层状撕裂能力。

3.大线能量焊接

为提高高层建筑结构的焊接效率，并确保其安全性与可靠性，国内外各大钢铁企业对如何提升大线能量焊接接头的韧性进行了深入研究。JFE 钢铁公司开发了 EWEL（Excellent Weldability and Excellent Low Temperature Toughness）技术，用于生产高焊接性能的 HBL325、HBL355、HBL385 及 SA440-E 系列高层建筑结构用钢。EWEL 技术涵盖奥氏体晶粒细化技术、奥氏体晶内显微组织控制技术、化学成分及生产工艺优化控制技术，以及焊缝金属扩散控制热影响区组织技术。其中，奥氏体晶内显微组织控制技术通过降低 C 当量，减少上贝氏体组织含量，并引入部分铁素体组织，有效改善了热影响区（HAZ）韧性；在 γ→α 相变过程中，通过在 BN（氮化硼）和 Ca 的非金属夹杂物上实现非均质形核，促进晶内铁素体形成，进而细化晶内组织。在奥氏体晶粒细化方面，通过精确控制 Ti、N 的添加量及 Ti/N 质量比，可显著抑制 HAZ 奥氏体晶粒在高温下的长大。然而，TiN 在 1 400℃时会明显固溶，其抑制奥氏体晶粒长大的作用大幅减弱。为此，新日铁公司开发了 HTUFF（Super High HAZ Toughness Technology with Fine Microstructure Impacted by Fine Particles）工艺，其核心技术之一是利用在 1 400℃高温下稳定且细小（10～100 nm）弥散分布的 Ca 和 Mg 的氧化物及硫化物，阻止奥氏体晶粒长大。在 1 400℃高温下保温 120 s 时，HTUFF 钢的奥氏体晶粒尺寸变化极小，远优于普通 TiN 钢，如图 3-4 所示。采用 HTUFF 技术生产的 60 mm 和 100 mm 厚低屈强比 SA440-E 板材，在 630 kJ/cm 埋弧焊和 1 000 kJ/cm 电渣焊条件下，HAZ 无明显粗化，焊缝组织为细小的针状铁素体，且奥氏体晶界处未出现粗大的先共析铁素体。

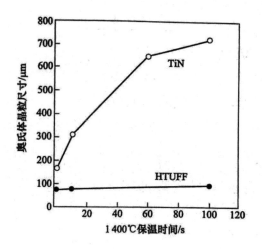

图 3-4 1 400℃高温下保温奥氏体晶粒长大趋势

4.耐火性能

钢的耐火性能是指钢结构在遭遇火灾时，短时间内抵抗高温软化的能力，通常通过钢的高温强度来表征。钢铁材料的高温力学性能是温度的函数，其强度一般随温度的升高而降低；普通结构用钢在 550℃ 左右时，仅能保持室温强度的 50% ~ 60%。自美国 "9·11" 事件后，各国对建筑结构用钢的耐火性能提出了新的要求，即在 600℃ 高温下，其屈服强度应为常温标准的 2/3 以上，且常温力学性能应等同或优于普通建筑结构用钢。

Mo 是提高钢的高温强度最有效的合金元素，而 Nb、V、Ti 与 Mo 的复合添加则能产生更显著的高温强化效果。原子探针和场离子显微镜（AP-FIM）分析表明，含 Nb 钢主要通过 NbC 在铁素体中的析出强化来提高高温强度，而含 Mo 钢则主要依赖于钼的固溶强化以及 Mo_2C 和 Mo 富集区的沉淀强化。Nb-Mo 复合添加不仅具备单独添加 Nb、Mo 的强化作用，还能使 Mo 在 NbC 基体界面上偏聚，抑制 NbC 颗粒的粗化，从而显著提升钢的高温强度。日本已开发出 400 MPa 级、490 MPa 级、520 MPa 级和 590 MPa 级系列耐火钢。为适应现代建筑业的发展需求，我国在建筑用耐火钢的研制与生产方面也逐步推进。目前，鞍钢、首钢、济钢、马钢等钢铁公司均已开发出耐火钢产品，其中武钢生产的高性能耐火耐候建筑用钢 WGJ510C2，兼具高韧性、高强度、高 Z 向性能、低屈强比、大线能量焊接性能以及耐火和耐候性能，已广泛应用于国家大剧院等建筑项目中。

第三节 低屈强比建筑结构用钢冶金学原理及制造工艺

图 3-5 展示了某钢厂现场不同工艺流程下屈强比与抗拉强度的关系。从图中可以看出，屈强比与抗拉强度级别密切相关。对于抗拉强度为 500 MPa 级的钢铁材料，其屈服强度一般为 300 ~ 400 MPa，通过控制轧制或 TMCP 技术，将其屈强比控制在 0.80 以下相对容易，其组织主要由铁素体和珠光体组成。当抗拉强度提升至 550 MPa 时，屈服强度一般为 400 ~ 480 MPa，采用控制轧制工艺时，必须在较低温度下进行轧制，主要依靠细晶强化来提高强度。然而，细晶强化对抗拉强度的贡献远低于对屈服强度的贡献，导致屈强比显著提高。因此，以细晶铁素体和珠光体组织为主的控制轧制工艺，难以满足屈强比低于 0.80 的要求。而采用 TMCP 技术，在晶粒细化的同时，引入少量贝氏体

或马氏体组织，有助于提高抗拉强度，从而使屈强比仍能维持在 0.80 以下。

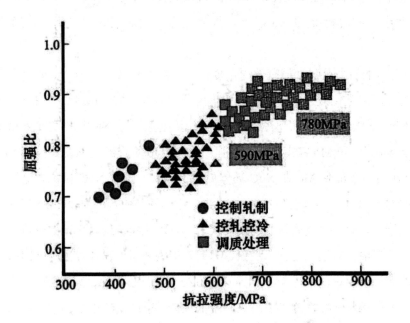

图 3-5 某钢厂现场不同工艺流程下屈强比与抗拉强度的关系

抗拉强度达 600 MPa 的中厚板通常通过调质工艺生产，其屈强比一般超过 0.85，因此开发屈强比低于 0.80 的 600 MPa 级钢板尤为困难。早在 1970 年，汽车用高成形性热轧和冷轧钢板同样要求较低的屈强比，为此，冶金行业成功开发了具有铁素体+马氏体双相组织的双相钢系列产品。建筑用低屈强比 600 MPa 级中厚钢板的开发也采用了类似的冶金学原理，如图 3-6 所示，所得组织为铁素体+回火贝氏体和回火马氏体。在塑性变形的初始阶段，应力主要集中在铁素体上，从而降低了钢板的屈服强度，而高强度的回火贝氏体和回火马氏体则提高了抗拉强度，使钢板在保持较低屈强比的同时，抗拉强度仍能达到 600 MPa 级别。

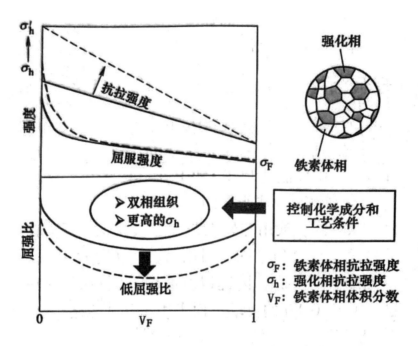

图 3-6 低屈强比 600 MPa 级高强钢物理冶金原理

图 3-7 展示了日本钢铁企业生产低屈强比建筑结构用钢工艺示意图。在初期阶段，日本采用了多级热处理 Q-L-T 工艺，通过两相区淬火和回火工艺，获得了软质铁素体与硬质回火贝氏体及回火马氏体的混合组织。为了节约能源、简化流程并降低成本，日本随后开发了 DQ-L-T、DL-T 工艺和缓慢冷却型 DQ-T 工艺。为了进一步降低屈强比，神户制钢所采用 N-L-T 工艺，成功生产出屈强比仅为 0.70 的 590 MPa 级建筑用结构钢板，这是 590 MPa 级钢板中屈强比较低的生产工艺之一。

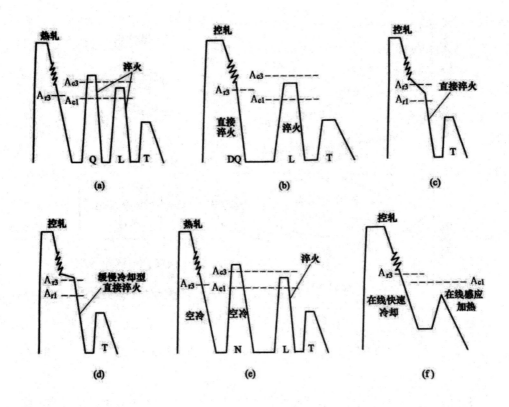

(a) Q-L-T；(b) DQ-L-T；(c) DL-T；(d) 缓慢冷却型 DQ-T；(e) N-L-T；(f) TMCP-HOP
(Q—淬火；L—两相区淬火；DL—两相区直接淬火；DQ—直接淬火；N—正火；T—回火)

图 3-7 日本钢铁企业生产低屈强比建筑结构用钢工艺示意图

表 3-2 列出了各大钢铁公司开发的典型 590 MPa 低屈强比建筑结构用钢的成分与性能。除添加 Nb、V 等微合金元素外，钢中还加入了 Cu、Cr、Ni 和 Mo 等贵重合金元素，其组织均为铁素体+回火贝氏体和回火马氏体。其中，铁素体作为软相，回火贝氏体和回火马氏体作为硬相，共同实现了高抗拉强度和低屈强比的优异性能。

表 3-2 典型 590 MPa 低屈强比建筑结构用钢的成分和性能

工艺	化学成分（质量分数）/%										厚度	R_{eL}	R_m	YR/%	A/%	$A_{kv0℃}$/J
	C	Si	Mn	Nb	V	Cu	Cr	Ni	Mo	C_{eq}	/mm	/MPa	/MPa			
Q-L-T	0.12	0.47	1.44	—	0.040	0.24	6	0.32	0.11	0.43	80	493	663	74	28	222
	0.13	0.25	1.44	—	0.040	0.21	8	0.20	0.21	0.46	80	451	600	75	—	
	0.12	0.27	1.44	—	0.041	0.23	—	0.19	0.22	0.43	60	462	614	75	28	
DQ-L-T	0.11	0.25	1.45	—	0.036	0.22	—	0.45	0.12	0.41	—	—	—	—	—	—
N-L-T	0.14	0.38	1.41	添加					—	0.43	70	450	639	70	31	225
DL-T	0.14	0.28	1.43	—	0.040	—	2	2	0.12	0.43	—	501	688	73	—	

以铁素体为软相的低屈强比高强度厚板的屈服行为，主要受到相组成、晶粒尺寸、硬相的体积分数及尺寸、位错密度和析出物等因素的影响。490 MPa 级低屈强比建筑结构用钢可通过 TMCP 技术直接生产。终轧结束后，应在高温区停留一定时间，而后进行层流冷却，以获得适量的铁素体，从而降低屈强比。最佳的终轧温度应控制在 850~900℃。对于低屈强比 590 MPa 建筑结构用钢，S.E.韦伯斯特的研究表明，两相区淬火温度对屈强比有显著影响：随着淬火温度的升高，屈强比持续下降，如图 3-8 所示。

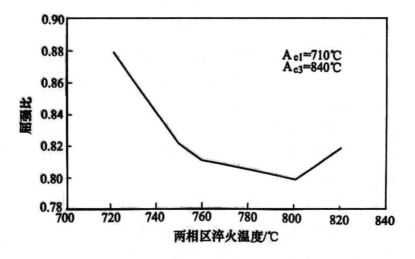

图 3-8 两相区淬火温度对屈强比的影响

研究人员研究了两相组织中铁素体体积分数对屈强比的影响，发现随着铁素体体积分数的增加，屈强比呈持续下降趋势，如图 3-9 所示。此外，研究人员还运用 FEM 模拟方法探讨了组织形貌对屈强比的影响，结果表明，降低屈强比可采用以下措施：

（1）将圆形的硬相均匀弥散分布在软相基体上效果最佳；

（2）将软相的体积分数控制在 50 % 左右最为适宜；

（3）硬相与软相的强度差越大越好。

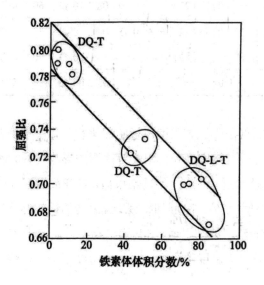

图 3-9 铁素体体积分数对屈强比的影响

当抗拉强度达到 780 MPa 时，不仅需要添加大量 Ni 等固溶强化元素，还需要加入一定量的 Mo 等抗回火软化元素，以确保钢板在回火后仍保持较高强度。如图 3-7（f）所示，JFE 钢铁公司通过 TMCP-HOP 工艺，将强度高于铁素体的回火贝氏体作为钢的基体组织，并以 M/A 岛作为硬质相。通过优化工艺参数，M/A 岛得以均匀分布在回火贝氏体基体中。该工艺减少了合金元素的使用量，其强度完全满足 780 MPa 级性能要求，且屈强比控制在 0.80 以下。

图 3-10 展示了采用 TMCP-HOP 工艺的组织控制示意图。该过程可分为三个阶段：第一阶段，通过控制轧制形成压扁细化的奥氏体晶粒，随后加速冷却至贝氏体相变区域，经适当保温后，形成一定数量的贝氏体和富碳奥氏体；第二阶段，利用 HOP 装置快速加热至 A_a 以下，此时由于温度较高，C 向奥氏体中的富集加剧，使得奥氏体进一步富碳，同时贝氏体中位错密度降低；第三阶段为 TMCP-HOP 工艺冷却后阶段，富碳的奥氏体

在较慢冷却条件下形成硬相 M/A 岛，最终获得回火贝氏体与细小弥散 M/A 岛组织。随着 M/A 岛体积分数增加，屈服强度降低，而抗拉强度升高，如图 3-11 所示。部分学者认为，屈服强度的降低可能与 M/A 岛附近的可移动位错增加有关。也有学者认为，M/A 岛虽能显著提高抗拉强度，但对屈服强度的影响较小。

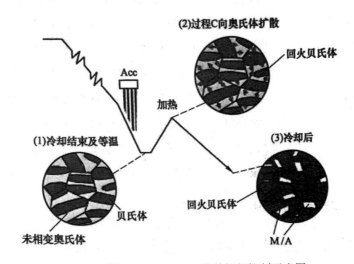

图 3-10 采用 TMCP-HOP 工艺的组织控制示意图

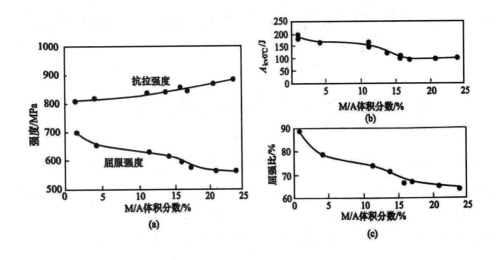

(a) 强度；(b) 屈强比；(c) 冲击功

图 3-11 Keiji Ueda 研究的 M/A 岛体积分数与屈服强度的关系

第四节 建筑结构用钢绿色化生产技术及典型产品

当低合金高强度钢板的抗拉强度超过 600 MPa 时,通常采用调质工艺。其组织主要由贝氏体和马氏体构成,屈强比一般高于 0.85。为降低屈强比,可采用两相区淬火加回火工艺,获得铁素体与回火马氏体或回火贝氏体的混合组织,通过软硬相的合理配比,可有效降低钢板的屈强比。为此,国外开发了多种工艺路线,大致可分为两类:

(1) 长流程工艺,如 Q-L-T 工艺。这类工艺通过再加热淬火等预处理,旨在获得铁素体与马氏体的混合组织,使强度达到 590 MPa 级的同时,屈强比小于 0.80。尽管这类工艺组织控制较为简单,性能稳定,但流程较长,能源消耗大,成本较高。

(2) 短流程工艺,如 DL-T 工艺、DQ-L-T 工艺和缓慢冷却型 DQ-T 工艺。这类工艺虽然节约了能源,成本较低,但均采用直接淬火技术。目前,大多数冷却系统以层流冷却设备为主,无法实现厚钢板的直接淬火。尽管部分先进钢铁企业具备直接淬火能力,但直接淬火过程中的板形问题尚未解决,导致该工艺难以在低屈强比建筑结构用钢中广泛应用。同时,我国投产的 4 000 mm 以上生产线大多采用连铸坯生产技术。因此,如何在低压缩比和现有设备条件下,利用连铸坯生产 60 mm 及以上规格的低屈强比建筑结构用厚钢板,成为亟待解决的难题。基于此,以下几种低屈强比建筑结构用钢的绿色化生产技术应运而生:

一、低成本短流程的 TMCP-L-T 工艺

为了节约成本并缩短工艺流程,一种新型的热处理工艺(TMCP-L-T,直接淬火—中间热处理—回火)应运而生。该工艺首先通过 TMCP 使钢板获得铁素体+珠光体组织,然后离线加热至两相区,保温后进行淬火,形成铁素体+马氏体组织,最后经高温回火处理,得到铁素体+回火马氏体的双相组织。具体工艺流程如图 3-12 所示。

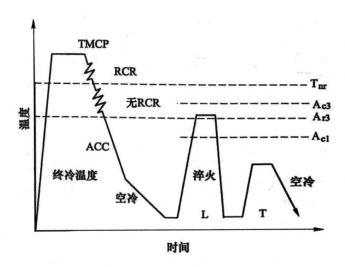

图 3-12 TMCP-L-T 热处理工艺

（一）TMCP-L-T 工艺的工业试制

在实验室热轧的基础上，某钢厂 100 t 顶底复吹转炉冶炼并连铸的 SA440 坯料，具体化学成分见表 3-3。

表 3-3 工业试制用 SA440 的化学成分（质量分数，%）

C	Si	Mn	P	S	Nb	v	Ti	C_{eq}	P_{cm}
0.15	0.37	1.53	0.012	0.003	0.031	0.094	0.01	0.41	0.24

为确保微合金化元素充分溶解和板坯温度均匀，加热温度设定为 1 200℃，且在炉时间不少于 270 分钟。为提升钢板的 Z 向性能，在高温再结晶区采用低速大压下工艺，每道次压下率约为 20 %，展宽道次咬入速度为 1.0 m/s，最大速度控制在 1.3 m/s。待温厚度为 100 mm，成品厚度为 45 mm。精轧开轧温度为 930℃，轧后冷却速度为 5℃/s，终冷温度为 720℃。后续热处理在实验室进行，在炉时间为 90 分钟，达到时间后进行水槽淬火。回火过程在电阻炉中进行，在炉时间同样为 90 分钟。

轧制和热处理后，试样经过研磨抛光，用 4 %的硝酸酒精溶液腐蚀后进行组织观察。回火后，按标准取拉伸试样测量强度和伸长率，并取标准夏比 V 形冲击试样测定不同温度的冲击吸收功，试样尺寸为 10 mm×10 mm×55 mm。

（二）结果与分析

图 3-13 展示了试制钢板在不同阶段的金相和 SEM（Scanning Electron Microscopy）组织。热轧后，表面组织为细晶铁素体、珠光体及少量贝氏体。在厚度方向的 1/4 位置和 1/2 位置，组织均为铁素体与珠光体，且在 1/2 位置出现了较为严重的带状组织。

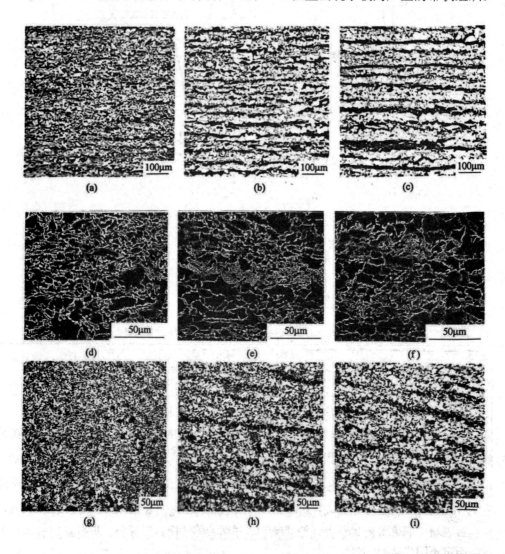

（a）TMCP，表面；（b）TMCP，1/4 位置；（c）TMCP，1/2 位置；（d）TMCP-L，表面；
（e）TMCP-L，1/4 位置；（f）TMCP-L，1/2 位置；（g）TMCP-L-T，表面；
（h）TMCP-L-T，1/4 位置；（i）TMCP-L-T，1/2 位置

图 3-13 试制钢板不同阶段的金相和 SEM 组织

表 3-4 展示了试制钢板的典型力学性能。采用 TMCP-L-T 工艺，不仅能够满足 SA440 钢板的力学性能要求，而且工业试制钢的屈强比显著低于 0.80。

表 3-4 试制钢板的典型力学性能

厚度/mm	R_{eL}/MPa	R_m/MPa	YR/%	A/%	$A_{kv-20℃}$/J	$A_{kv-40℃}$/J	Ψ_z/%
45	455	625	0.73	25.5	146	96	57.3
45	465	630	0.74	25.5	173	134	62.7

通过上述分析可知，工业试制的工艺参数、组织结构与性能指标之间的对应关系，与实验室实验结果基本吻合。这表明 TMCP-L-T 工艺完全适用于低屈强比 590 MPa 级建筑结构用 SA440 钢板的生产，具有显著的实际应用价值。

二、超低屈强比的 N-L-T 工艺

对于铁素体+回火马氏体双相组织而言，若降低铁素体的强度，则在抗拉强度基本不变的前提下，可获得更低的屈强比。铁素体的强度主要由其晶粒尺寸、固溶元素、位错及析出等决定，而这些因素都与其淬火前的预处理密切相关。与淬火、TMCP 等工艺相比，正火时铁素体的强度较低。因此，为了获得更低的铁素体基体强度，N-L-T 工艺应运而生。在该工艺中，正火被用作两相区淬火前的预处理，随后进行两相区淬火+回火处理。例如，神户制钢所曾采用 N-L-T 工艺，在试制钢中加入了适量 Cu、Ni、Cr 等合金元素，其化学成分和力学性能详见表 3-5 和表 3-6。基于减量化的原则，本节以 Nb-V-Ti 复合添加的微合金钢为研究对象，探讨 N-L-T 工艺的可行性。

表 3-5 神户制钢所 N-L-T 工艺试制 KSAT440 钢板的化学成分（质量分数，%）

C	Si	Mn	P	S	其他	C_{eq}	P_{cm}
0.14	0.38	1.41	0.012	0.002	Cu、Ni、Cr、Nb、V	0.43	0.25

表 3-6 神户制钢 N-L-T 工艺试制 KSAT440 钢板的力学性能

厚度/mm	R_{eL}/MPa	R_m/MPa	YR/%	A/%	$A_{kv0℃}$/J
70	450	639	0.70	31	225

（一）N-L-T 工艺的工业试制

根据实验室的工业试制结果，某钢厂在其 4 300 mm 中厚板生产线上开展了超低屈强比 590 MPa 建筑结构用钢板的工业试制，其冶炼化学成分详见表 3-7。连铸坯厚度为 250 mm，成品厚度为 90 mm，总压缩比为 2.8。

表 3-7 工业试制用钢板的化学成分（质量分数，%）

C	Si	Mn	P	S	Nb	V	Ti	C_{eq}	P_{cm}
0.16	0.43	1.48	0.015	0.004	0.027	0.046	0.017	0.42	0.25

连铸坯在炉时间应不少于 240 min。粗轧阶段采用低速大压下轧制，以确保奥氏体再结晶区的充分再结晶，从而细化奥氏体晶粒，待温厚度控制在 180 mm。第二阶段开轧温度的终轧温度为 830℃，终冷温度为 700℃。热轧后钢板应进行正火处理，正火温度为 900℃，在炉时间为 164 min。正火后 SA440 钢板的组织如图 3-14 所示，其典型力学性能详见表 3-8。

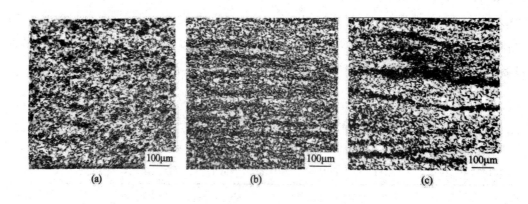

（a）表面；（b）1/4 位置；（c）1/2 位置

图 3-14 正火后 SA440 钢板的组织

表 3-8 正火后 SA440 钢板的典型力学性能

项目	R_{eL}/MPa	R_m/MPa	YR/%	A/%	$A_{kv0℃}$/J	Ψ_z/%
正火态	385	560	0.69	36.0	161	21.5
SA440 标准要求	440~540	590~740	≤0.80	≥20	≥70	≥25

正火后，SA440 钢板的组织主要为铁素体和珠光体，表层、1/4 位置和 1/2 位置的铁素体平均晶粒尺寸分别为 11.0μm、13.3μm 和 18.9μm。心部存在较严重的带状组织。与 SA440 标准相比，其强度和 Z 向性能较差。

对正火钢板进行了两相区淬火与回火试验，两相区加热温度为 810℃，在炉时间为 153 min，之后在辊压式淬火机中进行淬火，最后进行 500℃回火，在炉时间为 180 min。热处理后试样的分析及检测方法与 TMCP-L-T 工艺的工业试制相同。

（二）工业试制结果与分析

表 3-9 所示为试制 SA440 钢板的典型力学性能。由数据可知，采用 N-L-T 工艺后，厚度方向 1/4 位置处的力学性能基本满足 SA440 标准要求。其中，屈强比为 0.69，远低于标准限值；而强度值，尤其是屈服强度，则接近目标值的下限范围。

表 3-9 试制 SA440 钢板的典型力学性能

位置	R_{eL}/MPa	R_m/MPa	YR/%	A/%	$A_{kv0℃}$/J	$A_{kv-20℃}$/J	$A_{kv-40℃}$/J	Ψ_z/%
1/4	440	640	0.69	25.5	165	82	55	
1/2	425	625	0.68	27.5	102	67	27	
全厚度								47.8
SA440 标准要求	440~540	590~740	≤0.80	≥20	≥70			≥25

表 3-10 展示了新开发钢板与河钢集团舞钢公司（简称"舞钢"）及神户制钢所超低屈强比建筑结构用钢的规格和性能对比。从强度指标来看，采用 N-L-T 工艺新开发的 90 mm 建筑用厚钢板，其屈服强度为 440 MPa，抗拉强度为 640 MPa，均高于舞钢的 Q460E/Z35 高性能建筑结构用钢。新开发钢板的屈强比为 0.69，这是目前 590 MPa 高强度厚钢板实物质量中的最低值，表明 N-L-T 工艺在屈强比控制方面具有独特优势。从抗震性能来看，新开发钢板的抗震性能优于舞钢的 Q460E/Z35 建筑结构用钢，与神户制钢

所供货的 KSAT440 高抗震性能建筑用钢相当。在冲击韧性方面，舞钢采用铸锭和正火控冷工艺生产的建筑结构用钢，其低温冲击功达 133 J，高于新开发试制钢种；然而，新开发钢板的 0℃冲击功达 165 J，仍高于 SA440 标准和国标 E 级要求。从塑性指标来看，新开发试制钢板的塑性与舞钢供货钢板相当，均远超标准要求。在 Z 向性能方面，新开发试制钢板的 Z 向性能均满足 Z35 要求，且略优于舞钢供货厚板。此外，新开发试制钢板的碳当量为 0.42 %，与神户制钢所供货钢板相当，而舞钢供货钢板的碳当量为 0.47 %。因此，采用 N-L-T 工艺生产的高性能建筑结构用钢在焊接性能上优于舞钢供货钢板。

表 3-10 新开发钢板与舞钢、神户制钢所超低屈强比建筑结构用钢规格和性能的比较

项目	厚度/mm	C_{eq}/%	R_{eL}/MPa	R_m/MPa	YR/%	A/%	$A_{kv0℃}$/J	$A_{kv-20℃}$/J	$A_{kv-40℃}$/J	Ψ_z/%
舞钢	110	0.47	438	602	0.73	26.2			133	44.7
神户制钢所	70	0.43	450	639	0.70	31.0	225			
新开发	90	0.42	440	640	0.69	25.5	165	82	55	47.8
SA440 标准要求	40~100	≤0.47	440~540	590~740	≤0.80	≥20	≥70			≥25

注：C_{eq} 为质量分数。

舞钢供货的 Q460E/Z35 钢板表层与心部的金相组织如图 3-15 所示。铁素体平均晶粒尺寸为 10 ~15 μm，沿厚度方向观察，钢板组织较为均匀。然而，采用正火控冷工艺，表面不可避免地存在过冷层，导致其作为高层建筑用钢时，屈服强度波动较大。

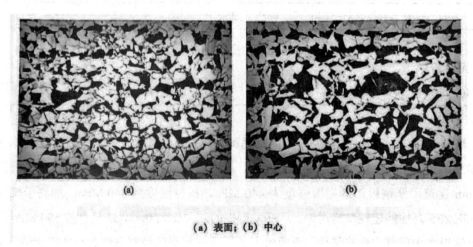

(a) 表面；(b) 中心

图 3-15 舞钢供货的 Q460E/Z35 钢板表层和心部的金相组织

图 3-16 展示了 N-L-T 工艺淬火和回火后不同位置的金相组织照片。从图中可以看出，淬火和回火后的组织类型分别为铁素体+马氏体或贝氏体，以及铁素体+回火贝氏体或马氏体。表层的铁素体比例略低于 1/4 位置和 1/2 位置，而沿厚度方向的组织差异较小。

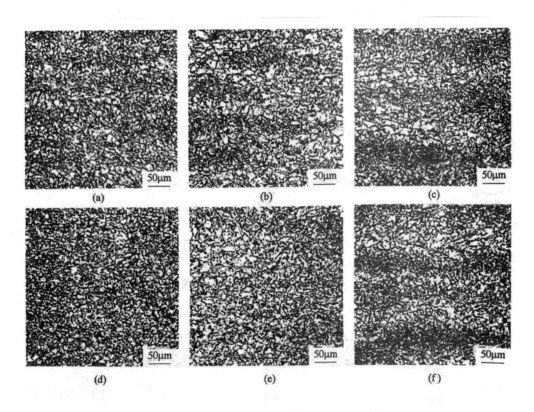

(a) 淬火，表面；(b) 淬火，1/4 位置；(c) 淬火，1/2 位置；
(d) 回火，表面；(e) 回火，1/4 位置；(f) 回火，1/2 位置

图 3-16 N-L-T 工艺淬火和回火不同位置的金相组织

图 3-17 展示了采用 N-L-T 工艺生产的 90 mm 试制钢板沿厚度方向的维氏硬度分布情况。其平均硬度为 203 HV，且 1/2 厚度位置的强度偏差仅为 15 MPa。从组织均匀性和性能均匀性两方面来看，采用 N-L-T 工艺试制的 90 mm 厚板具有明显优势。然而，从生产稳定性角度分析，无论是实验室实验结果，还是 90 mm 钢板的工业试制结果，均显示屈服强度富余量偏小。为此，后续工作中将通过提高微合金化元素 V 的含量，增

强其在铁素体中的析出强化作用，从而不断提升屈服强度。

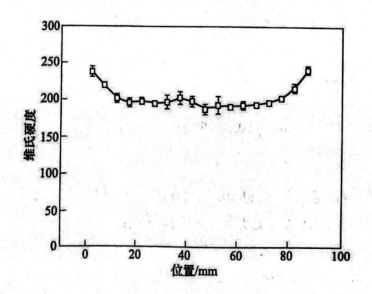

图 3-17 N-L-T 工艺生产的 90 mm 试制钢板沿厚度方向的维氏硬度分布

（三）讨论

研究表明，当压缩比小于 4 时，连铸坯仅在板厚近表面的上、下 1/3 位置发生明显塑性变形，铸坯心部疏松略有减轻，但中心偏析未能改善。当压缩比达到 5 时，中心部位的金属才发生明显塑性变形，部分中心疏松被轧合。然而，在试制过程中，由于受铸坯厚度、成品厚度和轧机开口度等因素限制，总压缩比仅为 2.8。轧制后钢板的 Z 向断面收缩率仅为 16.2 %，这是由铸坯中心处存在疏松、中心偏析等缺陷造成的。虽然正火处理能细化晶粒，减轻应力集中，降低裂纹萌生倾向并有效阻碍裂纹扩展，有助于提高钢板的 Z 向性能，但无法从根本上改善带状组织。因此，正火处理后试制钢的 Z 向性能仅提高到 21.5 %，抗层状撕裂能力依然较差。经过 L-T 处理后，试制钢的冲击韧性特别是 Z 向性能显著提高。正火后钢板经过两相区加热，奥氏体首先在珠光体上形核，随后沿铁素体晶界长大。C 和 Mn 等合金元素扩散至奥氏体中，导致奥氏体周围铁素体基体贫碳。同时，奥氏体对 N、P 等杂质元素具有"吸收"作用，使铁素体得到净化，二者共同作用提高钢的韧性和塑性。在随后的淬火过程中，奥氏体大部分转变为马氏体，未熔铁素体硬度低且塑性好，因此具有良好的塑性和韧性；马氏体经回火后，韧性得到一定改善。从图 3-18 的 SEM 组织可以看出，韧性相对较低的回火马氏体被铁素体最大限度地分割开。因此，裂纹扩展时不仅要通过马氏体，还必须通过铁素体，需要消耗较高能量，从而提高韧性和塑性。

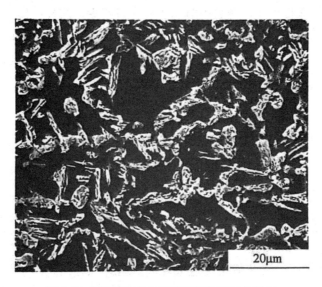

图 3-18 低压缩比条件下获得钢板的双相组织

经过 TMCP 和淬火等预处理后，由于组织中存在较高的缺陷密度（如位错、位错墙、位错胞等），这增加了两相区回火过程中奥氏体的形核位点；随后在淬火过程中，马氏体相变导致铁素体位错密度增加，从而提高了铁素体基体的强度。相比之下，正火预处理后，铁素体晶粒粗大且位错密度较低，两相区淬火后的铁素体强度也相应较低。较低的铁素体强度导致软硬相强度比值下降，这是 N-L-T 工艺获得更低屈强比的主要原因。因此，与其他低屈强比工艺相比，N-L-T 工艺通过采用适当的工艺参数，在抗拉强度基本一致的情况下，能够获得超低屈强比的高性能建筑结构用钢。

三、两相区直接淬火回火（DL-T）工艺

为节约能源并降低成本，国外钢铁企业如新日铁已开发出两相区直接淬火回火（DL-T）、缓慢型直接淬火回火（Slack DQ-T）以及超快速冷却+在线感应加热（Super OLAC-HOP）等短流程工艺，而我国对此研究相对较少。此外，国外钢铁企业常添加 Cu、Cr、Mo 和 Ni 等合金元素，而较少使用贵重合金元素。鉴于此，本部分内容以 C-Mn 钢为基础，在复合添加 Nb、V、Ti 的微合金钢上进行实验，并在实验室中开展热轧后的 DL-T 实验。实验材料为 Nb-V-Ti 复合添加的微合金钢，采用中频真空感应炉冶炼并浇铸成 150 kg 钢锭，其化学成分详见表 3-11。

表 3-11 实验钢的化学成分（质量分数，%）

C	Si	Mn	Nb	V	Ti	P	S	C_{eq}
0.17	0.40	1.40	0.032	0.080	0.015	0.014	0.005	0.42

铸锭经热锻开坯后，加工成厚度为 90 mm 的坯料。随后，坯料在保温 1 h 后，于实验室 ϕ450 mm 可逆式热轧机上经过八道次两阶段热轧，最终轧制至 13 mm 厚度。其中，第一阶段每道次压下率均大于 18 %，第二阶段总压下率达到 71.7 %。实验钢的轧制及冷却工艺参数、回火工艺参数详见表 3-12 和表 3-13。

表 3-12 实验钢轧制及冷却工艺参数

编号	终轧温度/℃	终轧后空冷时间/s	直接淬火开始温度/℃	冷却速度/℃·s⁻¹
K1	830	51	750	30
K2	829	115	700	30
K3	837	182	650	30
K4	840	248	600	30

表 3-13 实验钢回火工艺参数

编号	直接淬火开始温度/℃	回火温度/℃	在炉时间/min	冷却速率/℃·s⁻¹
K5	650	300	26	15
K6	650	400	26	15
K7	650	500	26	15
K8	650	600	26	15

工艺 1：研究直接淬火温度对实验钢组织性能的影响。钢板经两阶段轧制后，分别空冷至 750℃、700℃、650℃、600℃，随后以 30℃/s 的冷却速度在两相区直接淬火至室温。具体实验控制轧制及直接淬火温度参数见表 3-12。最后，将直接淬火钢板 500℃回火 30 min。

工艺 2：研究淬火速度和回火温度对实验钢组织性能的影响。钢板经两阶段轧制后，空冷至指定温度 650℃，并以 15℃/S 的冷却速度在两相区直接淬火至室温。最后，分别在 300℃、400℃、500℃、600℃下回火 26 min。具体控制轧制及回火温度参数见表 3-13。

（一）直接淬火温度对实验钢组织性能的影响

实验钢在不同温度下直接淬火后，其金相组织呈现出明显差异。图 3-19 展示了四种工艺条件下直接淬火实验钢的显微组织特征：在 750℃淬火时，组织主要由铁素体、马氏体和贝氏体构成；在 650~700℃淬火时，组织以铁素体和马氏体为主；在 600℃淬火时，组织主要为铁素体、马氏体及少量珠光体。统计数据显示，K1 ~ K4 试样的铁素体含量分别为 67.9 %、77.3 %、79.2 %和 81.7 %。

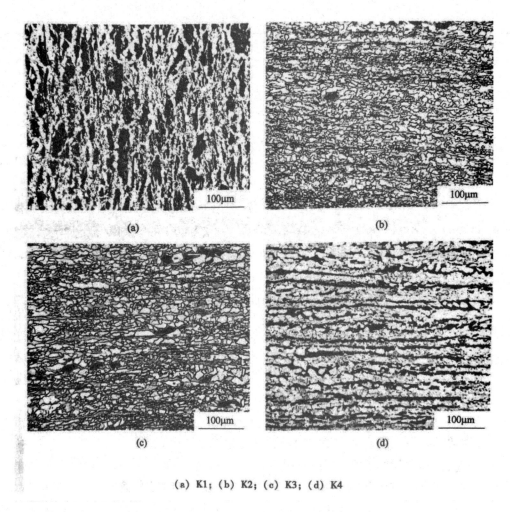

(a) K1；(b) K2；(c) K3；(d) K4

图 3-19 四种工艺对应的直接淬火实验钢的显微组织

实验钢经 500℃回火后的显微组织如图 3-20 所示。回火组织与淬火组织相对应：750℃淬火温度对应的回火组织为铁素体+回火马氏体+回火贝氏体；650~700℃淬火温度对应的回火组织为铁素体+回火马氏体；600℃淬火温度对应的回火组织则为铁素体+回火马氏体+珠光体。

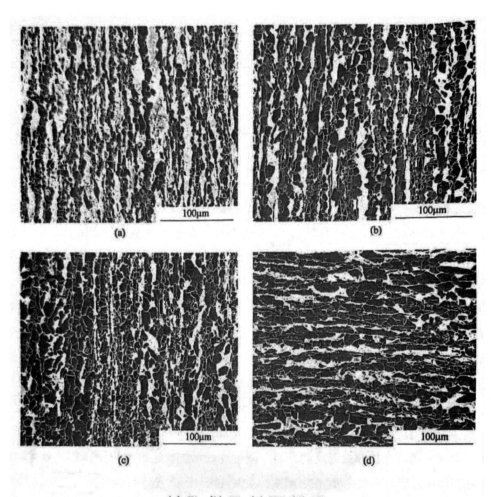

(a) K1；(b) K2；(c) K3；(d) K4

图 3-20 500℃回火后实验钢的显微组织

表 3-14 展示了四种工艺对应的实验钢的力学性能。从表中可以看出，K2、K3 和 K4 工艺下实验钢的力学性能均达到了日本标准（以下简称"日标"）590 MPa 级 SA440 的要求，而 K1 工艺下实验钢的力学性能则满足日标 780 MPa 级 SA630 的要求。

表 3-14 四种工艺对应的实验钢的力学性能

编号	$R_{p0.2}$/MPa	R_{m}/MPa	YR/%	A/%	$A_{kv0℃}$/J
K1	643	785	0.82	19.1	88
K2	533	704	0.76	22.1	83

编号	$R_{p0.2}$/MPa	R_m/MPa	YR/%	A/%	$A_{kv0℃}$/J
K3	523	690	0.76	24.7	85
K4	469	615	0.76	28.3	116
日标 SA440 要求	440~540	590~740	≤0.80	≥20.0	≥47
日标 SA630 要求	630~750	780~930	≤0.85	≥16.0	≥47

实验钢在变形后空冷至不同淬火温度的过程中，随着直接淬火温度的降低，冷却曲线经过的铁素体相变区域逐渐扩大，形成的先共析铁素体含量也随之增加。当冷却至 750℃时，在拉长的奥氏体晶界处形成了部分先共析铁素体，从金相组织上可明显观察到铁素体具有仿晶界特征。由于温度较高，形成的铁素体含量相对较低。同时，在这一过程中，C 元素向奥氏体中富集，但奥氏体中 C 含量较 650℃和 700℃时更低。在随后的淬火过程中，750℃淬火对应的奥氏体淬透性偏低，不易完全形成马氏体，因此形成了部分贝氏体。相比之下，在 650℃和 700℃淬火后，由于剩余奥氏体中 C 含量较高，淬透性较好，因而能够完全形成马氏体。而当轧后空冷至 600℃时，冷却已通过珠光体区，淬火后剩余的奥氏体则完全转变为马氏体。

图 3-21 展示了直接淬火温度对 500℃回火后实验钢力学性能的影响。从图 3-21（a）中可以看出，随着直接淬火温度的升高，强度逐渐增加。通常情况下，在铁素体+硬相的双相组织中，屈服强度主要取决于铁素体的强度，而铁素体的强度则主要由其晶粒尺寸以及周围硬相引起的塑性应变所决定。随着直接淬火温度的升高，空冷时间缩短，这导致先共析铁素体来不及充分长大，晶粒尺寸随之减小；与此同时，硬相的体积分数增加。在拉伸变形过程中，铁素体的变形受到周围硬相的限制，从而显著提高了屈服强度。抗拉强度主要由硬相的强度和体积分数决定。在本实验中，尽管随着淬火温度的升高，硬相中的 C 含量有所降低，但硬相体积分数的增加使得最终抗拉强度随淬火温度的升高而上升。750℃淬火温度对应的屈服强度比显著高于 700℃时的屈服强度比，这可能是因为在拉伸过程中，组织中的铁素体和贝氏体共同作用于屈服强度，导致其升高幅度增加，从而使屈强比上升。

图 3-21（b）展示了实验钢的伸长率和冲击吸收功随直接淬火温度的变化曲线。从图中可以看出，伸长率随淬火温度升高呈线性下降趋势，这主要归因于两方面：其一，随着淬火温度的升高，铁素体中的 C 含量增加；其二，硬相体积分数的增加导致铁素体

在变形过程中所受的塑性束缚增强。在 650~750℃ 的淬火温度范围内，冲击吸收功的变化并不显著。晶粒尺寸对冲击韧性具有直接影响，晶粒尺寸的减小会增加裂纹扩展过程中的阻碍，从而提升冲击韧性。本实验中，随淬火温度的升高，铁素体晶粒尺寸减小，这对提高冲击韧性是有利的。然而，硬质第二相的数量和尺寸也会对冲击韧性产生影响。在外力作用下，硬质相界面可能因塑性变形而诱发断裂核心，裂纹迅速扩展，从而导致韧性恶化。

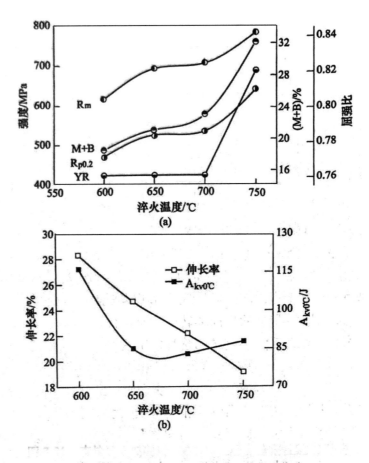

（a）强度和屈强比；（b）伸长率和冲击吸收功

图 3-21 直接淬火温度对 500℃ 回火后实验钢的力学性能的影响

实验钢经两相区淬火后，其马氏体通过切变型相变遗传了剩余奥氏体中的 C 含量，导致韧性降低。回火过程中，硬脆的马氏体发生过饱和析出，降低了 C 含量，同时缓解了铁素体与马氏体界面处的应力集中，从而有效改善了韧性。然而，需要注意的是，与铁素体相比，回火马氏体仍属于硬相，其体积分数的增加对冲击韧性的改善不利。因此，晶粒尺寸的有利作用与第二相的不利作用相互抵消，使得在 650~750℃淬火温度下，冲击韧性的差异并不大。而在 600℃淬火条件下，由于大部分相变为扩散型相变，且铁素体和珠光体占据了多数形核位置，马氏体岛分布更为弥散和细小。这些因素共同作用，使得该条件下实验钢的冲击韧性较高。

（二）回火温度对实验钢组织性能的影响

图 3-22 展示了不同回火温度下实验钢的金相组织，其组织构成包括铁素体、珠光体和回火马氏体。经统计，各回火温度对应的铁素体含量分别为 74.3 %、73.8 %、73.0 % 和 72.4 %，铁素体平均晶粒尺寸则分别为 5.8 μm、7.3 μm、7.6 μm 和 7.8 μm。

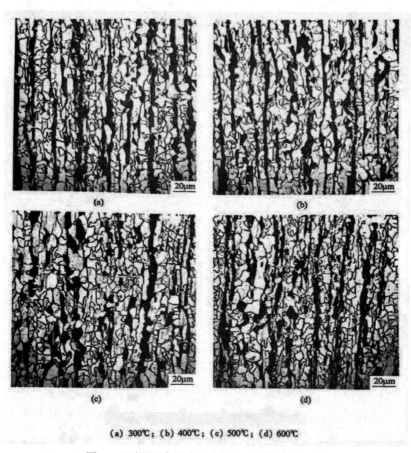

(a) 300℃；(b) 400℃；(c) 500℃；(d) 600℃

图 3-22 不同回火温度对应的实验钢的金相组织

图 3-23 为不同回火温度下的扫描电镜照片。从图中可以看出，当回火温度为 300℃时，马氏体形态未发生明显变化；当回火温度为 400℃时，马氏体岛逐渐分解，板条结构消失，同时可见明显的渗碳体析出；当回火温度为 500℃时，马氏体岛接近完全分解，马氏体中的碳化物开始呈现球化趋势。

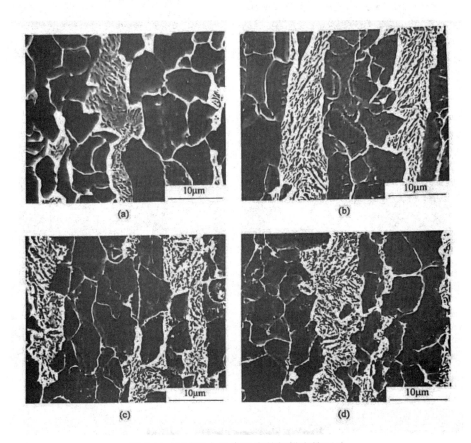

图 3-23 不同回火温度对应的扫描电镜照片

图 3-24 展示了淬火及回火组织的透射电镜形貌。从图中可以看出，在直接淬火状态下，马氏休的板条形态清晰可辨；当回火温度为 300℃时，马氏体板条形态逐渐模糊，且未观察到渗碳体析出；当回火温度为 400℃时，马氏体中开始析出大量渗碳体，多呈长条状；当回火温度为 500℃时，已无法辨识马氏体的原有形态，同时马氏体岛中的渗碳体明显粗化，部分已呈现球化。

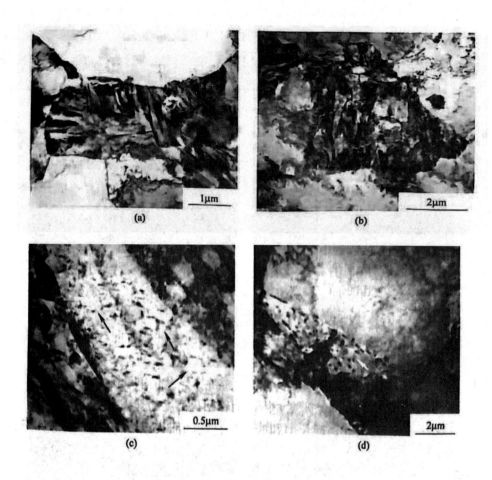

（a）直接淬火；（b）300℃；（c）400℃；（d）500℃

图 3-24 淬火及回火时对应的透射电镜形貌

　　图 3-25 展示了不同回火温度下铁素体内部微合金化元素析出的透射电镜形态。在 300℃回火时，铁素体内部位错线上开始出现少量直径约为 5 nm 的细小析出物，推测其为 Nb-V 的 C/N 化物；当回火温度升至 400℃时，析出物数量显著增加，直径约为 7 nm；在 500℃回火条件下，析出物尺寸略有增大，直径约为 10 nm；当回火温度进一步提高至 600℃时，析出物尺寸增长至 10~15 nm，通过 EDX 分析证实其为 Nb-V 的复合析出物。

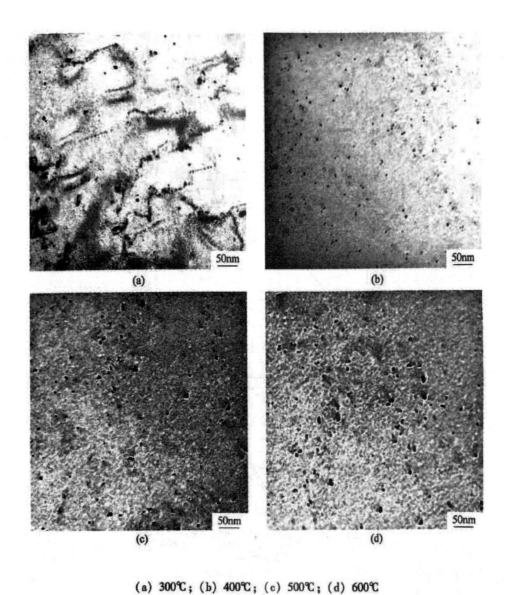

(a) 300℃; (b) 400℃; (c) 500℃; (d) 600℃

图 3-25 不同回火温度下铁素体内部微合金化元素析出的透射电镜形态

图 3-26（a）展示了实验钢的强度和屈强比随回火温度的变化曲线。随着回火温度的升高，屈服强度先上升后下降，在 400℃时达到峰值。在 300~400℃时，屈强比迅速上升；超过 400℃后，屈强比则缓慢上升。同时，抗拉强度呈现单调下降趋势。由于屈服强度的上升幅度远低于抗拉强度的下降幅度，因此随着回火温度的升高，屈强比也随之增加。

图 3-26（b）显示了实验钢的伸长率和冲击功随回火温度的变化曲线。伸长率的变化规律与屈服强度相反，呈现先下降后上升的趋势，在 400℃时达到最低值。在 0~400℃时，冲击功先下降；在 400℃时，冲击功达到最低值后开始上升；而在 500~600℃时，冲击功再次下降。

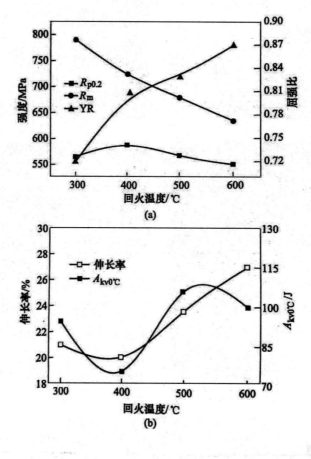

(a) 强度和屈强比；(b) 伸长率和冲击功

图 3-26 强度和屈强比及伸长率和冲击功与回火温度的关系

图 3-27 展示了不同回火温度下实验钢的拉伸曲线。观察图形可知，在四种回火温度条件下，实验钢的拉伸曲线均呈现出屈服平台。与 400~600℃回火温度对应的曲线相比，300℃回火温度下的屈服平台未出现明显的上下屈服点。随着回火温度的提升，屈

服平台的长度逐渐增加。这一现象可归因于回火温度升高增强了 C、N 原子的扩散能力，促使它们大量向位错线偏聚，从而导致可动位错密度持续降低。屈服平台长度与屈强比呈正相关关系。因此，通过减小屈服平台长度，可有效实现降低屈强比的目标。

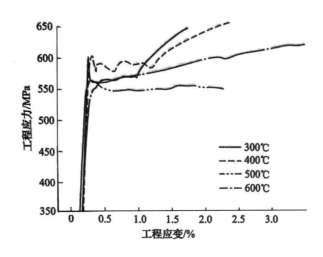

图 3-27 不同回火温度对应的实验钢的拉伸曲线

在 300~400℃回火时，铁素体中的位错通过滑移或攀移消失在晶界等缺陷处。同时，C、N 等原子的扩散能力增强，钉扎部分可动位错，使铁素体内部的可动位错数量减少。两者共同作用，使得只有在外力增加到一定程度时，可动位错才开始启动。而可动位错一旦启动后，应力立即下降，即出现明显的上、下屈服点。这是 400℃回火时拉伸曲线中存在明显上、下屈服点的原因。当 300℃回火时，由于仍存在一定数量的可动位错，虽然出现屈服，但并没有明显的上、下屈服点。

通过 TEM 观察还发现，当 400℃回火时，细小的微合金化元素的大量析出导致屈服强度提高。此外，由于马氏体相变过程中会产生 2 %～3 %的体积膨胀，这会在靠近马氏体岛边缘的铁素体中产生微残余应力。在回火过程中，这种微残余应力的不断释放将导致屈服强度的提高，故屈服强度出现极大值。而对抗拉强度起决定作用的马氏体则持续软化，导致抗拉强度随回火温度的升高而降低。同时，由于渗碳体的大量析出，实验钢的低温冲击韧性降低。

当温度升高到 500℃时，渗碳体开始球化；回火马氏体中 C 含量和位错密度进一步降低，微残余应力消失，造成其屈服强度和抗拉强度同时降低，但冲击韧性明显提高。

当 400℃回火时，屈服强度突然增加，使其屈强比由 0.72 增至 0.81；当回火温度从 400℃增加到 600℃时，屈强比仅由 0.81 增至 0.87。

沈显璞等人通过测定不同温度回火的内耗曲线发现，随着回火温度的升高，Snoek峰下降较快，而 Snoek 峰高能够敏感地反映间隙固溶原子在铁素体中的固溶量。因此，固溶原子在低温回火过程中从过饱和铁素体中析出。透射电镜观察中也发现了 Nb-V 微合金析出物，表明铁素体中固溶间隙原子数量减少，然而实验钢的伸长率却有所提高。在高温回火时，铁素体的"净化"过程已基本完成。随着回火温度的提升，马氏体不断软化，伸长率持续提高。因此，双相钢回火后伸长率的改善可归因于铁素体内间隙原子析出的"净化"及马氏体软化两方面因素，即随着回火温度的升高，伸长率应呈现不断上升的趋势，实验数据整体反映了这一规律；然而在 400℃时出现拐点，伸长率不仅未上升，反而下降，渗碳体的析出是导致这一异常现象的唯一不利因素。因此，可以判断 400℃时渗碳体在铁素体晶界处大量析出是伸长率恶化的主要原因。这一现象也导致了 0℃冲击功大幅降低。

上述分析表明，在较低的回火温度下，渗碳体析出较少，屈服平台长度较短，此时实验钢具有较低的屈强比和良好的强韧性。

四、在线热处理（HOP）工艺

JFE 钢铁公司于 2004 年在 Super OLAC 后部安装了全球首条感应加热在线热处理线（Heat Treatment On-line Process，简称"HOP"）。采用 HOP 工艺不仅能够实现连续化生产，缩短生产周期，还能通过与 Super OLAC 的组合，获得常规工艺流程下难以实现的微细组织与强韧性匹配。JFE 利用 Super OLAC-HOP 工艺，以比铁素体强度更高的回火贝氏体作为软相组织，M/A 岛作为硬相，成功开发了 780 MPa 级钢板。该钢板的抗拉强度超过 900 MPa，0℃冲击吸收功达到 216 J，屈强比≤0.80，已广泛应用于低屈强比 780 MPa 级建筑结构用钢和 X80 抗大变形管线钢等高强度钢板中。

下面以 Nb-V-Ti 复合添加的微合金钢为对象，将其分为 Q1~Q10 试样，在实验室条件下进行热轧在线热处理实验，模拟 HOP 工艺下的组织演变。实验钢的化学成分见表 3-15，热轧实验在实验室 ϕ 450 mm 可逆式热轧机上进行。实验坯料尺寸为 80 mm×200 mm×100 mm，加热至 1 200℃后保温 2 h，经 7 道次热轧至 12 mm 厚度。

表 3-15 实验钢的化学成分（质量分数，%）

C	Si	Mn	Nb	V	Ti	P	S	C_{eq}
0.17	0.40	1.40	0.032	0.070	0.015	0.012	0.005	0.42

为了研究回火保温时间对实验钢组织性能的影响，将轧制后的钢板快速冷却至400℃，随后将 Q8、Q9 和 Q10 试样分别放入 550℃ 的电阻炉中，分别保温 3 分钟、12 分钟和 24 分钟。为了探究不同工艺路径对组织性能的影响，将轧制后的钢板快速冷却至 450℃，并将 Q5、Q6 试样分别置于炉温为设定值的电阻炉中保温 6 分钟，取出后进行控制冷却，而 Q7 试样则直接进行控制冷却。

（一）回火保温时间对实验钢组织和力学性能的影响

图 3-28 展示了 Q8、Q9 和 Q10 试样在 550℃ 电阻炉中分别保温 3 分钟、12 分钟和24 分钟后的金相组织。实验结果显示，实验钢的组织主要由铁素体和贝氏体构成，其中铁素体主要分布于压扁奥氏体晶界处，而贝氏体则分布在铁素体晶粒之间。

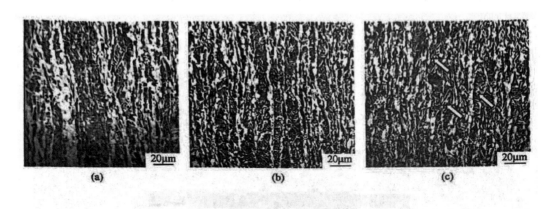

(a) 3min; (b) 12min; (c) 24min

图 3-28 不同保温时间条件下实验钢的金相组织

将 3 分钟、12 分钟和 24 分钟保温时间对应的组织进行对比，可以发现，24 分钟保温时间对应的组织中仍存在相当一部分针状铁素体，如图 3-28（c）中箭头所示；而 3分钟和 12 分钟保温组织中的灰色贝氏体部分，经扫描电镜观察，其主要为板条状的上贝氏体，如图 3-29 所示。这表明，在 550℃ 较长时间保温过程中，连续冷却过程中剩余的奥氏体将发生中温相变，这一结论与 Li 的研究结果一致。

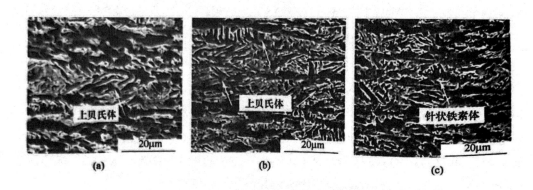

(a) 3min；(b) 12min；(c) 24min

图 3-29 不同温度时间对应组织的扫描电镜形貌

图 3-30 展示了不同保温时间下试样经 Lepera 试剂腐蚀后的 M/A 岛形态光学显微组织，图中 M/A 岛呈白色，铁素体基体为灰色。观察可知，随着保温时间的延长，M/A 岛体积分数显著降低，其变化规律如图 3-31 所示。此外，M/A 岛尺寸也明显减小。在保温时间为 12 min 和 24 min 的试样中，白色 M/A 岛周围可见明显的深灰色区域，这是 550℃长时间保温下残余奥氏体发生分解造成的。M/A 岛体积分数和尺寸的变化，以及深灰色区域比例的增大，表明随着保温时间的延长，残余奥氏体的分解程度逐渐提高。

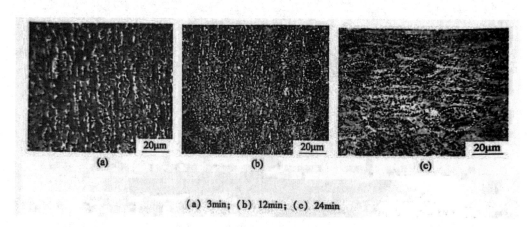

(a) 3min；(b) 12min；(c) 24min

图 3-30 不同保温时间的试样经 Lepera 腐蚀后 M/A 岛形态的光学显微组织

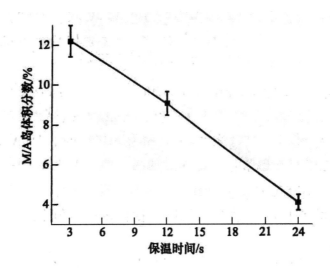

图 3-31 M/A 导体分数随保温时间的变化规律

图 3-32 展示了实验钢的强度及屈强比与保温时间的关系。从图中可以看出，随着保温时间的增加，屈服强度变化不大，但抗拉强度有所降低，导致屈强比相应上升。由于实验钢的三种工艺具有相近的冷却速度和终冷温度，铁素体晶粒尺寸和体积分数较为接近，因此屈服强度未表现出显著差异。

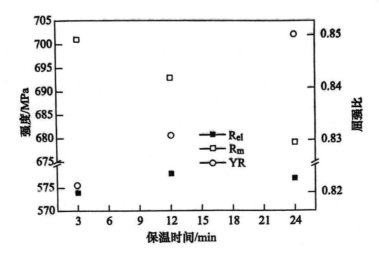

图 3-32 实验钢的强度和屈强比与保温时间的关系

抗拉强度主要受硬相体积分数的影响。研究发现，随着 M/A 岛体积分数的增加，抗拉强度相应提高；M/A 岛能显著提升抗拉强度，但对屈服强度的影响较小。在本实验中，回火保温时间的延长导致 M/A 岛体积分数降低，这是造成抗拉强度下降的原因之一。在 550℃回火过程中，随着保温时间的延长，残余奥氏体向针状铁素体相变的比例增加，从而引起抗拉强度的降低。此外，回火时间的延长还使先前连续冷却过程中形成的硬相（如贝氏体）中的位错发生回复，这也进一步导致抗拉强度下降。

表 3-16 显示了实验钢在不同保温时间下的冲击吸收功。从表中可以看出，等温时间最短的 Q8 试样整体冲击韧性最低，等温时间最长的 Q10 次之，而等温时间介于 Q8 和 Q10 之间的 Q9 试样的冲击吸收功略高于 Q10，但整体差异不大。

表 3-16 实验钢不同保温时间对应的冲击吸收功（J）

编号	$A_{kv0℃}$	$A_{kv-20℃}$	$A_{kv-40℃}$
Q8	182	168	154
Q9	221	186	173
Q10	220	183	165

一般认为，随着 M/A 岛体积分数的增加，钢的韧性显著下降，因而在实际生产中应严格控制 M/A 岛。同时，M/A 岛尺寸也是影响冲击韧性的关键因素。研究表明，较大的 M/A 岛尺寸更容易诱发新裂纹形核，并缩短新旧裂纹之间的距离，从而促进裂纹扩展。当 M/A 岛较大时，会对韧性产生不利影响，因其与基体间的相界面在塑性变形过程中易成为断裂源，在外力作用下裂纹迅速扩展，导致韧性恶化。相比之下，细小弥散的 M/A 岛不易引发脆性断裂，即使出现裂纹，其长度也小于裂纹失稳扩展的临界尺寸，对裂纹扩展有阻滞作用，从而保持较高的强韧性。

研究人员通过 HOP 工艺获得了细小弥散的 M/A 岛，并发现整体冲击韧性较高，但冲击吸收功随 M/A 岛体积分数的增加呈下降趋势。根据先前的分析统计，保温时间最长的 Q10 试样对应的 M/A 岛体积分数最低、尺寸最小，但其冲击韧性并非最佳。这是因为虽然延长保温时间可降低 M/A 岛体积分数并减小其尺寸，但也导致碳化物析出，进而对冲击韧性产生不利影响（如图 3-33 所示）。此外，分析还表明，长时间保温会导致屈强比提高。值得注意的是，较短时间（3 min）保温虽能使 C 充分富集于奥氏体中，但奥氏体的进一步相变不充分，导致大块 M/A 岛的形成。这一现象虽有助于降低屈强比，却不利于冲击韧性的提升。

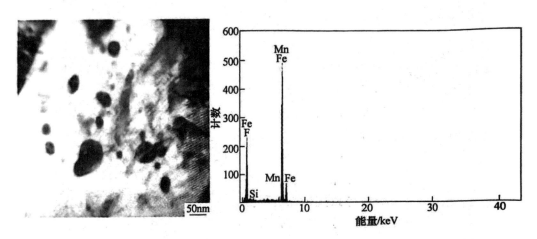

图 3-33 Q10 试样中的碳化物析出

通过对实验结果的综合分析可以预见，采用短时快速加热的方法能够有效抑制 C 向残余奥氏体中的充分富集，从而获得一定体积分数且细小弥散的 M/A 岛；同时，这也是降低屈强比并保持较高低温冲击韧性的有效手段。

（二）工艺路径对实验钢组织和力学性能的影响

图 3-34 展示了不同热处理路径对应的金相和 SEM 组织。Q5 采用模拟 HOP 工艺，但其加热速度显著低于感应加热速度；Q6 采用新开发的工艺，即直接快速冷却至 450℃贝氏体区并保温 6 分钟；Q7 则采用目前生产高强钢的常规工艺路线。Q5 和 Q7 的组织较为相似，主要由沿奥氏体晶界分布的铁素体和较细的板条贝氏体组成；而 Q6 的组织类型主要为铁素体、针状铁素体和少量板条贝氏体。组织类型的差异与工艺路径密切相关，Q6 在冷却至 450℃后进行等温处理，将引发贝氏体的等温相变。对于 Q5，在升温至 550℃后保温，保温过程中已发生相变的贝氏体中的 C 向剩余奥氏体中富集，且剩余的奥氏体将进一步发生以针状铁素体为主的中温相变，如图 3-34（a）和（d）中箭头所示；从金相组织上看，还有一部分奥氏体在后续的连续冷却过程中形成更加细化的贝氏体或马氏体，如图 3-34（a）和（d）中虚线箭头所示。对于 Q7，在冷却至 450℃后的空冷过程中，剩余的奥氏体将发生贝氏体或马氏体相变，形成大量的硬相组织。

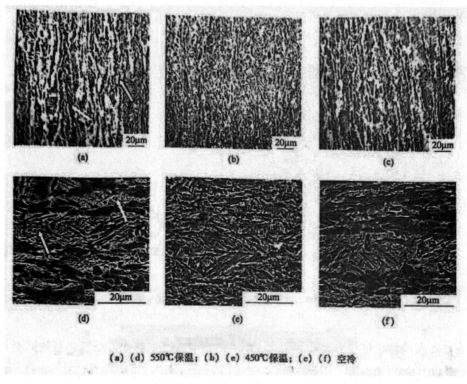

(a)(d) 550℃保温；(b)(e) 450℃保温；(c)(f) 空冷

图 3-34 不同热处理路径对应的金相和 SEM 组织

图 3-35 展示了三种工艺路径对应的经 Lepera 试剂腐蚀试样中 M/A 岛的光学显微组织。从图中可以看出，550℃保温条件下形成的 M/A 岛尺寸最大，450℃保温条件下次之，而空冷试样中 M/A 岛尺寸最小。统计数据显示，三种工艺对应的 M/A 岛体积分数依次递减，如图 3-36 所示。在从 450℃升温至 550℃保温的过程中，C 从已相变的贝氏体中更充分地富集至剩余奥氏体中，这种富碳奥氏体在随后的冷却过程中更易形成较大尺寸的 M/A 岛。在 450℃等温过程中，随着贝氏体等温相变的进行，贝氏体中的 C 持续向奥氏体中富集，直至达到 T_0 对应的 C 含量后，奥氏体停止相变。然而，在 450℃条件下，C 的扩散能力显著低于 550℃保温时，C 的富集程度相对较低，只有部分奥氏体在后续冷却过程中形成 M/A 岛，导致 M/A 岛尺寸减小，体积分数降低。而在 450℃后空冷时，C 元素缺乏充足时间进行扩散，致使 M/A 岛体积分数进一步降低，且尺寸更为细小。

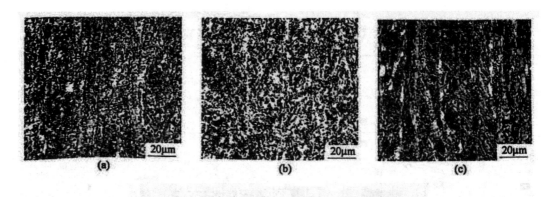

(a) 550℃保温；(b) 450℃保温；(c) 空冷

图 3-35 三种工艺路径对应的经 Lepera 试剂腐蚀试样中 M/A 岛的光学显微组织

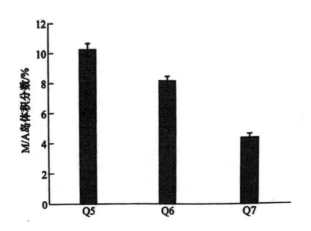

图 3-36 三种工艺对应的 M/A 岛体积分数

表 3-17 列出了三种工艺下实验钢的力学性能。其中，Q6 和 Q7 的强度较为接近，而 Q5 的屈服强度显著高于前两者，这导致 Q5 的屈强比明显提升。通过对比屈强比最低的 Q6 和最高的 Q5 的拉伸应力-应变曲线（如图 3-37 所示）可以发现，Q5 的拉伸曲线呈现屈服平台，表现为不连续屈服，而 Q6 则为连续屈服。

表 3-17 Q5、Q6 和 Q7 的力学性能

编号	工艺路径	$R_{p0.2}$/MPa	R_m/MPa	YR/%	A/%
Q5	加热至 550℃保温 6min	660	773	0.85	20.9
Q6	加热至 450℃保温 6min	601	761	0.79	21.0
Q7	加热至 450℃空冷	614	751	0.82	23.1

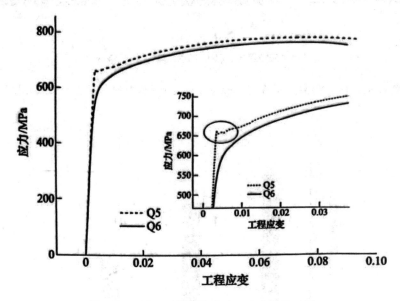

图 3-37 Q5 和 Q6 的拉伸应力—应变曲线对比

图 3-38 展示了三种工艺对应组织的透射电镜精细形态。从图中可以看出，Q5 中有长条状和圆形的渗碳体析出，如图 3-38（a）中的小箭头所示。同时，在回火过程中，基体组织中的高密度位错发生回复，形成位错胞，从而降低了位错密度。Q6 和 Q7 的组织大多呈现板条形态，具有较高的位错密度。此外，回火提高了 C、N 的扩散能力，导致这些元素在位错线上偏聚，同时可动位错密度降低，致使 Q5 在拉伸过程中出现屈服平台，从而提升了屈服强度。相比之下，Q6 和 Q7 的位错密度较高，且 C、N 因扩散能力较差而保持固溶状态，因此其拉伸曲线呈现连续屈服，屈服强度相对较低。

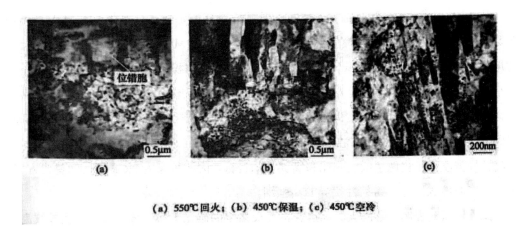

（a）550℃回火；（b）450℃保温；（c）450℃空冷

图 3-38 三种工艺对应组织的透射电镜精细形态

由于屈服平台的出现，Q5 的屈服强度较 Q6 和 Q7 显著提升。尽管回火作用导致基体软化，但较高的 M/A 岛体积分数仍使 Q5 的抗拉强度略高于 Q6 和 Q7。值得注意的是，Q5 抗拉强度的提升幅度远小于其屈服强度，因此其屈强比最高。Q7 在较低温度下发生相变，其硬相比例明显高于 Q6，故其屈服强度略高。然而，Q7 中 M/A 岛体积分数显著低于 Q6，导致其抗拉强度下降，因此 Q7 的屈强比也高于 Q6。由此可见，提高 M/A 岛体积分数可有效增强抗拉强度。

但是，M/A 体积分数的增加及 M/A 岛尺寸的增大会导致冲击韧性下降。表 3-18 展示了三种工艺对应的低温冲击吸收功。从表中可以看出，Q5 在各温度下的冲击吸收功明显低于 Q6 和 Q7，这与其较高的 M/A 岛体积分数和较大的 M/A 岛尺寸有关。与 Q7 相比，Q6 中 M/A 岛体积分数较高，但 M/A 岛尺寸细小，基体位错密度较低，且存在针状铁素体组织，这些因素均有助于改善低温冲击韧性，因此 Q6 表现出优异的低温冲击韧性。

表 3-18 三种工艺对应的低温冲击吸收功（J）

编号	$A_{kv0℃}$	$A_{kv-20℃}$	$A_{kv-40℃}$
Q5	161	159	119
Q6	190	180	167
Q7	183	176	167

　　从上述分析可以发现，屈服平台的出现显著提高了屈强比，而在一定 M/A 岛体积分数下的连续屈服则能确保较低的屈强比。然而，随着 M/A 岛体积分数的增加和尺寸的增大，冲击韧性会相应降低。因此，在控制 M/A 岛体积分数以降低屈强比的同时，减小其尺寸并提高弥散度，是实现低屈强比与良好冲击韧性兼顾的有效途径。在本实验中，通过新工艺获得了由铁素体、针状铁素体及少量板条贝氏体组成的多相组织，同时得到了体积分数为 8.1 %且弥散分布于基体上的细小 M/A 岛。这一工艺不仅确保了材料的高抗拉强度，还实现了低屈强比和高韧性的目标，因此可作为 HOP 工艺的替代方案，用于生产低屈强比且冲击韧性优异的高强钢。

　　此外，研究表明，若回火时间过长，奥氏体中的碳元素将充分富集，可能导致高体积分数、大尺寸 M/A 岛的形成，进而引发不连续屈服，无法达到降低屈强比、提高冲击韧性的目的。可以预见，在快速加热与短时间保温的条件下，由于碳的富集与位错回复均不充分，实现低屈强比和高冲击韧性是可能的。

第四章 高性能低温钢及其绿色制造技术

第一节 低温钢概述

一、低温钢的含义

世界各国对低温钢的定义存在差异。我国的 GB/T 150.1—2024 中将使用温度低于 -20℃的碳钢及低合金钢定义为低温钢。美国 ASME 标准虽未明确规定低温范围，但以 -29℃作为控制指标。低温钢主要用于制造各类液化气体的储运和生产设备。按照钢中是否含有 Ni 元素，低温钢可分为无 Ni 低温钢和含 Ni 低温钢，后者又称 Ni 系低温钢。

表 4-1 列出了常用的 Ni 系低温钢类型及其使用温度范围。从表中可以看出，Ni 系低温钢的 Ni 质量分数为 0.5％～9％，且随着 Ni 含量的增加，最低使用温度逐渐降低，其中 9％Ni 钢的最低使用温度可达-196℃。

表 4-1 常用 Ni 系低温钢类型及其使用温度范围

实验钢 Ni（质量分数，%）	0.5	2.5	3.5	5	9
最低使用温度/℃	-60	-70	-110	-130	-196

二、低温钢的特点

鉴于 LNG 和 LPG 具有超低温性和可燃性，其储罐必须具备优异的耐低温性能。LNG 与 LPG 储罐具有体积大、服役温度低、服役周期长及安全要求高等特点，这要求其内胆结构材料——Ni 系低温钢必须具备高强度、低温韧性、抗低温裂纹扩展性能、良好的焊接性能与工艺适应性。与奥氏体不锈钢相比，Ni 系低温钢的合金化成本更低且强度更高；相较于铝合金，Ni 系低温钢拥有更高的强度和更优的焊接性能。因此，Ni 系低温钢通常被选作 LNG 和 LPG 等液化气体储存和运输设备的内胆结构材料。低温韧性的主要衡量指标为冲击功和韧脆转变温度。韧脆转变温度是指材料由脆性解理断裂逐渐转变为韧性断裂的温度区间，通常以 T 表示。在韧脆转变温度以下，材料的冲击功较低，裂纹会迅速进入失稳扩展阶段，导致脆性断裂，使用安全性较差；而在韧脆转变温度以上，材料的冲击功较高，裂纹的脆性扩展受到抑制，使用安全性较好。因此，韧脆转变温度是衡量材料韧性的关键指标。影响冲击韧性的主要因素包括化学成分、显微组织、晶粒尺寸、第二相、应力状态及变形速率等。

第二节 低温钢的发展历史

1932 年，美国率先发明了含 2.25 ％镍的钢材，随后又研发出含 3.5 ％镍的钢材，并将其广泛应用于制造液化石油气设备、空分制氧装置、化肥和合成氨设备中的甲醇洗涤塔等低温容器。1940 年，3.5 ％镍钢被正式纳入美国材料与试验协会（ASTM）标准体系。此后，德国、法国、比利时和日本等国也相继开发出 3.5 ％镍钢。在 20 世纪 40 年代，美国 INCO 公司成功研制出含 9 ％镍的钢材，并于 1948 年投入市场，主要用于制造天然气提取液氢反应塔及液氧储罐内壳。1956 年，9 ％镍钢被列入 ASTM 标准。到了 20 世纪 60 年代，日本和欧洲也开始研发镍系低温钢，并成功开发出含 5 ％镍的钢材。至此，国际上形成了以 ASTM、JIS 和 EN 为主的三大低温钢标准体系。

1960 年，美国 CBI、INCO 和 US Steel 三家公司在针对超低温结构安全性的研究中发现，即便不进行焊后消除应力热处理，采用 9 ％镍钢制造的液化天然气（LNG）储罐仍可确保安全使用。自此，9 ％镍钢在 LNG 储罐制造领域得到广泛应用。

随着 LNG 储罐和 LNG 船向大型化方向发展，为减少焊缝并提高安全系数，9 ％ Ni 系低温钢板的规格正朝着更厚、更宽的方向发展。在确保强度的前提下，低温韧性越高越好。图 4-1 展示了自 1970 年以来 9％Ni 系低温钢最低冲击韧性需求的变化。从图中可以看出，2000 年后的纵向指标要求是 1970 年的 2 倍多，横向指标要求更是增加了近 3 倍。在成分方面，为减少对焊接热影响区低温韧性的影响，应尽量减少 C、Si 等增加低温脆性的元素，同时可加入微合金化元素如 Nb、Mo 等以保证强度。在工艺方面，为适应新的性能要求并利用现有设备布局减少生产工序，需要进一步开发新的热处理工艺。其发展趋势为板坯连铸+现代化 TMCP 热轧+在线热处理。采用该技术不仅有助于生产高质量 9％ Ni 钢宽厚板，还可实现生产过程的减量化，达到节能降耗的目标。相关文献显示，日本在 1993 年已能规模化生产厚度达 40～45 mm 的 9％ Ni 钢宽厚板，采用两次淬火热处理后，整个断面的-196℃横向冲击功均能到 250 J 以上，伸长率可到 30％以上，焊接接头处-196℃的冲击功大于 80 J。1999 年，日本进一步研发了厚度达 50 mm的 9％ Ni 钢宽厚板，用于制造 20 万立方米的 LNG 储罐，通过降低 Si 含量和添加适量的 Nb，并采用两次淬火热处理，使-196℃冲击功也达到 250 J，这不仅提高了焊接热影响区的低温韧性且不损失钢板强度，还防止了脆性裂纹的萌生和扩展。

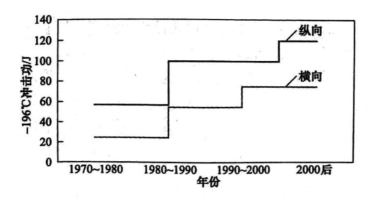

图 4-1 自 1970 年以来 9%Ni 系低温钢最低冲击韧性需求的发展

由于 Ni 属于贵金属，为降低成本，日本及欧美的一些工业发达国家研发了 5％～6％ Ni 钢，用以替代 9％ Ni 钢。研究人员通过淬火+亚温淬火+回火（QLT）二步热处理工艺制备了 5.5％ Ni 钢，其在-196℃下的冲击功超过 160 J，性能达到了 9％ Ni 钢的水平。对于 Ni 含量更低的 3.5％ Ni 钢，NKK 钢铁公司采用 QLL'T 工艺进行热处理，其韧性同样达到了 9％ Ni 钢的标准。日本住友金属工业公司通过降低 Si 含量并结合 HOP 工艺生产的 7％ Ni 钢，已成功替代 9％ Ni 钢，并应用于日本仙北一期 LNG 工程 5 号储罐的建设。2013 年，7％Ni 钢被纳入 JIS 标准，牌号为 SL7N590。

我国低温钢的研究起步较晚。20 世纪 60 年代，为节约资源，按照节镍铬和以锰代镍的主导思想，我国开发了适用于-70 ~ -90℃及更低温度的低温钢，如 09 Mn2V、09 MnTiCuRe、06 MnNb、06 MnVTi、06 AlNbCuN、06 AlCu 等，但实际应用较少。20 世纪 80 年代，针对石化行业生产及储运用低温钢的国产化需求，国家相关部门组织研究机构和钢厂研制 Ni 系低温钢，包括 0.5％Ni 钢、1.5％Ni 钢、3.5％Ni 钢、5％Ni 钢和 9％Ni 钢，重点开发了 1.5％Ni 钢和 3.5％Ni 钢。在实验室研究的基础上，我国钢铁企业对 1.5％Ni 钢和 3.5％Ni 钢进行工业性试制，结果表明这两种钢综合性能良好，尤其在-60℃和-101℃下具有优异的低温韧性。中国科学院沈阳金属研究所在 20 世纪 80 至 90 年代初开展了 9％Ni 钢的基础研发，但因当时冶炼水平限制，未能实现工业化。近年来，国内大型钢铁企业开始重视 9％Ni 钢的研发，太钢于 20 世纪 90 年代末率先启动，南钢、鞍钢、宝钢等企业相继跟进，其产品已通过全国锅炉压力容器标准化技术委员会认证。2005 年，该委员会根据我国生产的 3.5％Ni 钢锻件，制定了-101℃级 3.5％Ni 钢锻件标准。生产实践表明，厚度小于 40 mm 的 3.5％Ni 钢板经淬火+回火处理后，-101℃冲击功可到 150 J 以上，但厚度大于 40 mm 的钢板经同样处理后冲击韧性较差。2009 年，舞钢的庞辉勇等人采用第一次淬火+亚温淬火+高温回火工艺制备 3.5％Ni 钢厚板，结果表明，40 ~ 100 mm 厚钢板在-101℃下的冲击功可到 150~200 J。2014 年，鞍钢的朱莹光等人对 5％Ni 钢采用 QT、QT'、QLT 和 QLT'四种调质工艺进行热处理，发现经 QT 热处理的 5%Ni 钢在-135℃下冲击功高达 135 J，且强度、伸长率等力学性能均达标，满足生产需求。随着我国冶金工艺和装备的进步及市场需求的增长，太钢、宝钢、武钢、南钢、鞍钢、舞钢等大型钢铁企业开始研发 Ni 系低温钢。沙钢的朱绪祥等人采用 QLT 工艺制备了 7.7％Ni 钢，其屈服强度超过 530 MPa，抗拉强度超过 670 MPa，-196℃下的冲击韧性超过 150 J，各项性能指标均达到了 9％Ni 钢的水平。

第三节 低温钢的国内外研究现状

一、低温钢的成分体系

各国标准中对 Ni 系低温钢化学成分的规定见表 4-2。从表中可以看出，Ni 系低温钢的成分较为简单，主要合金元素包括 C、Si、Mn、Ni 等，且各标准中同级别 Ni 系低温钢的合金元素含量差异不大。C 元素虽能提高钢的强度，但含量超过 0.2 % 会显著降低钢的低温韧性和焊接性能，因此 Ni 系低温钢普遍选择较低的 C 含量，尤其是高 Ni 钢的 C 含量相对更低。P 元素易在晶界偏析，增加回火脆性，显著降低钢的塑性和低温韧性。在高温轧制时，S 元素易生成低熔点的 FeS，并在晶界偏聚，削弱晶粒间的结合力，导致钢板在高温下易开裂。为避免脆性，钢中需要加入足够的 Mn，使其与 S 结合形成熔点较高的 MnS。然而，MnS 硬度较低，在热轧时易沿轧向延伸，形成 MnS 夹杂带，大幅降低钢板的低温韧性。因此，为保证超低温下钢的冲击韧性，必须严格控制 Ni 系低温钢中的 S、P 含量。从表 4-2 可知，国标和欧标中 C、S、P 等有害元素的含量最低。此外，S、P 对焊接也有不利影响。研究表明，对于超低温和难焊接的钢板，当 S 质量分数超过 0.005 %、P 质量分数超过 0.008 % 时，若不进行特殊热处理，焊接接头处难以获得良好的低温韧性。随着冶金工艺和设备的进步，对 Ni 系低温钢中 S、P、N、O 等有害元素的控制日益严格，近年来提出了 $w[N]+w[H]+w[O]+w[S]+w[P] \leqslant 0.01\%$ 的超纯目标。太钢开发的"钢包氧化-还原双造渣"精炼深脱磷、脱硫技术，可稳定实现 S、P 质量分数小于 0.002 % 的超纯净水平。加入合金元素 Mo 或 W 可提高淬透性，从而提高强度。加入微合金 Nb 并控制一定的 Nb/Si 质量比范围，不仅对强度和韧性无害，还有利于提高宽厚板的焊接性能。加入合金元素 Cu 可通过沉淀强化和稳定逆转奥氏体来达到较好的强度和韧性平衡；但也有学者认为，加入 Cu 后在 $700 \sim 1\,100\,℃$ 间析出的 Cu_2S 是裂纹敏感的主要原因，因此应尽量降低 Cu 含量。

表 4-2 各国标准中对 Ni 系低温钢化学成分的规定（质量分数，%）

标准	牌号	不大于或范围							
		C	Si	Mn	Ni	Mo	V	P	S
EN10028-4	12N114	0.15	0.35	0.30~0.80	3.25~3.75		0.05	0.020	0.005
	X12N15	0.15	0.35	0.30~0.80	4.75~5.25		0.05	0.020	0.010
	X7N19	0.10	0.35	0.30~0.80	8.50~10.00	0.1	0.01	0.015	0.005
ASTM	SA203E	0.20	0.15~0.40	0.70	3.25~3.75			0.035	0.035
	SA645	0.13	0.20~0.40	0.30~0.60	4.80~5.20	0.20~0.35		0.025	0.025
	T1	0.13	0.13~0.45	0.98	8.50~9.50			0.015	0.015
JIS G3127	SL3N440	0.15	0.020	0.70	3.25~3.75			0.025	0.025
	SL5N590	0.13	0.30	1.50	4.75~6.00			0.025	0.025
	9N1590	0.12	0.30	0.90	8.50~9.50			0.025	0.025
GB 3531	08N13DR	0.10	0.15~0.35	0.30~0.80	3.25~3.70	0.12	0.05	0.015	0.005
	06N19DR	0.08	0.15~0.35	0.30~0.80	8.50~10.00	0.10	0.01	0.008	0.004

　　Ni 是 Ni 系低温钢中最重要的添加元素，其含量越高，钢的使用温度越低。作为常用的韧化元素，Ni 在钢中不形成碳化物，而是与 Fe 形成固溶体。Ni 在 α-Fe 相中的最大溶解度约为 10 %，而在 γ-Fe 相中可与 Fe 无限置换固溶。Ni 能够扩大 γ 相区，是奥氏体形成和稳定的关键元素，有助于提高淬透性，降低钢的临界冷却速度，并促进马氏体相变。

　　尽管 Ni 与 Fe 具有相同的体心立方（BCC）晶体结构，两者晶格错配度较小导致直接固溶强化效应较弱，但 Ni 可通过降低 C 原子扩散激活能、提升 C 扩散系数，促使 C 原子向位错等晶体缺陷处富集，从而阻碍位错滑移以提高强度。研究表明，w[Ni] 每增加 1 %，铁素体屈服强度可提升约 33 MPa。此外，Ni 可增强低温及高应变速率下的交滑移能力，抑制形变孪晶的形成，进而改善材料的塑性变形性能。

　　关于 Ni 对断裂行为的影响，当铁素体不锈钢中 w[Ni]≥3% 时，其冲击功显著提升。对比不同 Ni 含量合金的焊后热处理组织与力学性能发现：高 Ni 合金表现出更优的冲击功和强度，这归因于 Ni 降低了铁素体转变温度并提升针状铁素体比例，促使大角度晶界比例增加、有效晶粒尺寸细化。Fe-20Cr-xNi 合金研究进一步证实，当 w[Ni]=10% 时，合金冲击韧性显著改善。综上可知，在合理范围内，Ni 含量的提升可同步增强钢的强度与韧性。

需要注意的是，Ni 作为贵重合金元素会显著增加成本，且过量添加（>10 %）可能导致高温塑性劣化与焊接性能下降。因此，在确保低温韧性的前提下，需要通过成分优化尽可能控制 Ni 含量。

二、低温钢的生产工艺

Ni 系低温钢最关键的性能要求在于其在超低温条件下的韧性。这要求钢水具备极高的纯净度和严格的成分控制，尤其是有害于韧性的元素如 S、P 等的含量必须严格控制。在实际生产中，为了最大限度地降低 S、P 等元素对韧性的不利影响，其含量通常需要远低于标准指标，一般控制在 0.005%以下。在转炉炼钢完成成分调整后，还需要采用 LF+RH 炉进行精炼处理。为了获得高质量的 Ni 系低温钢连铸坯，在连铸过程中必须使用专用的 Ni 系低温钢保护渣。此外，Ni 系低温钢连铸坯需要经过再结晶区和非再结晶区的两阶段控制轧制：在高温段的奥氏体完全再结晶区，充分利用动态再结晶细化晶粒；在奥氏体非完全再结晶区进行热轧，通过奥氏体晶粒的形变及热轧后产生的微观缺陷等增加 α 相形核点，从而细化 α 组织。

Ni 系低温钢获得优异低温韧性的关键在于选择合适的热处理工艺。其常用热处理工艺主要包括以下三种：

（1）对于厚度规格不大于 15 mm 的钢板，可采用正火+回火（NT）或双正火+回火（NNT）工艺；

（2）全厚度规格钢板可采用 QT 工艺；

（3）全厚度规格钢板也可采用 QLT 工艺。

其中，NT 或 NNT 工艺获得的钢板强度和低温韧性相对较低，且 NNT 工艺热循环次数较多、正火温度通常较高，在实际生产中应用较少。相比之下，QT 工艺能够获得良好的强韧性匹配，是工业生产中常用的工艺方法。QLT 工艺则能显著改善 Ni 系低温钢的低温韧性，尤其适用于 5.5 % Ni 钢的生产。实践表明，采用 QLT 工艺生产的 5.5 % Ni 钢板在保持优异低温韧性的同时，可部分替代 9 % Ni 钢用于 LNG 储罐建造。QT 和 QLT 工艺的示意图详见图 4-2。

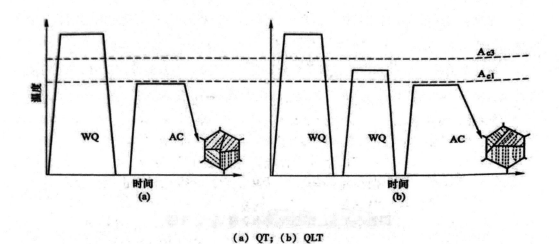

(a) QT；(b) QLT

图 4-2 QT 和 QLT 工艺的示意图

QT 工艺：将钢加热至 A_{c3} 以上某一特定温度，保温后以超过临界冷却速度的速率冷却，以获得马氏体（或下贝氏体）组织，然后在略低于 A_{c1} 的温度下进行回火。淬火热处理旨在获得均匀且细小的马氏体组织。由于淬火马氏体硬度高且脆性大，因此需要通过回火来提高钢的塑性和韧性。在 Ni 系低温钢回火后，组织中还会形成少量逆转奥氏体。逆转奥氏体在回火过程中会富集 C、Mn、Ni 等奥氏体稳定元素，从而在室温下不发生马氏体相变。

图 4-3 展示了 QT 工艺组织演变的示意图（图中 γ'代表逆转奥氏体）。从图中可以看出，在 QT 工艺条件下，逆转奥氏体主要在原奥氏体晶界和板条束界处形成。在回火过程中，原子运动加剧，C、Ni、Mn 等合金元素会向晶界的缺陷处偏聚，导致局部合金元素富集，温度降低；当相变驱动力足够大时，逆转奥氏体开始在原奥氏体晶界和板条束界析出，同时晶界处原子扩散速率较大，有利于逆转奥氏体的长大。

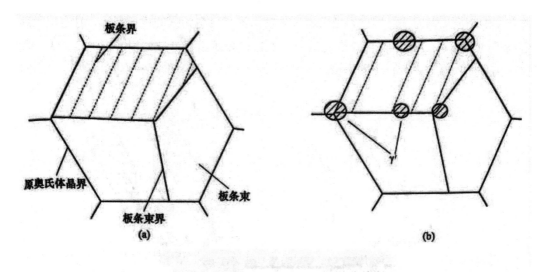

(a) 奥氏体区保温淬火（Q）；(b) 回火（T）

图 4-3 QT 工艺组织演变过程示意图

QLT 工艺：在常规奥氏体区淬火之后、回火之前，增加一次两相区热处理过程。由于两相区温度低于一次淬火温度，生成的奥氏体晶粒更为细小。一次淬火获得的非平衡态组织经两相区保温淬火后，形成不同含量配比的马氏体和板条状铁素体的混合组织。谢振家等人将这种马氏体或贝氏体在两相区热处理时形成的贫合金元素组织称为临界铁素体（Intercritical Ferrite，IF）。经回火处理后，组织演变为逆转奥氏体、临界铁素体和回火马氏体。杨跃辉等发现，经 QLT 热处理后，逆转奥氏体含量显著增加，且逆转奥氏体不仅在晶界和板条束界形成，也在晶内的板条界形成。

图 4-4 为 QLT 热处理工艺组织演变过程示意图。从图中可以看出，经奥氏体区保温淬火后，得到了板条马氏体组织。在两相区保温过程中，马氏体转变为奥氏体（γ）和临界铁素体（IF）。由于 C、Mn、Ni 等合金元素在 γ 相中的固溶度更高，合金元素在保温过程中会向 γ 相富集，从而增加了 γ 相的稳定性。相比回火过程，两相区保温温度更高，合金元素的扩散能力更强，能够以较快的速度向 γ 相扩散。在随后的淬火过程中，由于稳定性不足，γ 相大部分重新转变为马氏体，最终得到富集合金元素的新生马氏体（M）和少量残余奥氏体。在回火时，残余奥氏体可作为逆转奥氏体的核心长大，不需要重新形核，从而促进了逆转奥氏体的形成。研究表明，随着 C、Mn、Ni 等合金元素含量的增加，α → γ 的相变驱动力逐渐增大，界面形核的临界形核率也随之提高，使得

α→γ 的相变更易发生。因此，逆转奥氏体容易沿富合金元素的板条形核，且富集于新生马氏体中的 C、Mn、Ni 等合金元素只需经过较短距离即可扩散到逆转奥氏体内，从而促进了逆转奥氏体的长大和稳定。

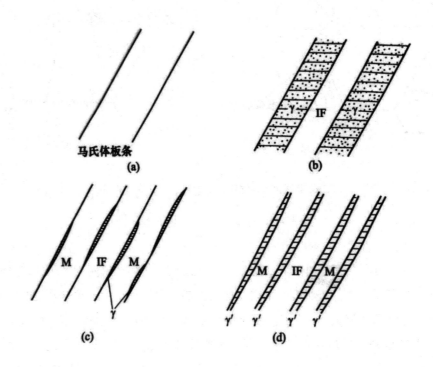

（a）奥氏体区保温淬火（Q）；（b）两相区保温；（c）两相区保温淬火（L）；（d）回火（T）

图 4-4 QLT 热处理工艺组织演变过程示意图

日本作为能源稀缺国家，高度重视能源储运技术，在 Ni 系低温钢的开发领域，特别是对 30 mm 以上厚规格 Ni 系低温钢板的研发已居于世界领先地位，并持续优化其生产工艺。以川崎制铁为例，该厂早在 1982 年便采用 QT 工艺实现了 30 mm 厚度规格 9 % Ni 钢板的规模化生产，并将其成功应用于 LNG 储罐的制造。日本 JFE 钢铁公司研发的 Super OLAC 系统，作为新一代在线加速冷却技术，其冷却能力较传统层流冷却提升 2 至 5 倍。近年来，JFE 将 Super OLAC 技术应用于 9 % Ni 钢的生产，开发出在线淬火+回火（DQ-T）工艺，并采用该工艺制备出超级 9 % Ni 钢板。相比传统 QT 工艺，DQ-T 工艺省去了离线淬火环节，不仅大幅提升了生产效率，还显著降低了生产成本。力学性能检测显示，DQ-T 工艺生产的 9% Ni 钢在常规力学性能方面已达到传统 9% Ni 钢（QT 工艺）的水平，同时提升了抑制裂纹扩展的能力，进一步满足了安全性的要求。1999 年，通过采用低 Si/Nb 质量比的合金设计思路，在合金成分中添加 0.01% 的 Nb，并将 Ni 含量提升至 9.5% 左右以确保淬透性和强度，配合 QLT 热处理工艺，成功开发出厚度规格达 50 mm 的 9% Ni 钢板，用于建造容积为 200 000 m³ 的 LNG 储罐。

刘国权等人对 3.5% Ni 钢板的控制轧制与控制冷却工艺进行了深入研究，发现采用控轧控冷结合高温回火的工艺，能够替代传统的热轧、正火加高温回火工艺，从而生产出具有优异低温韧性的 3.5% Ni 钢板。同时，田国平等人在采用 DQ-T 工艺制备 9% Ni 钢的过程中，探讨了超快冷终冷温度对低温韧性的影响。研究结果表明，当终冷温度设定在 280℃这一较低水平时，能够有效改善逆转奥氏体的分布，进而显著提升 9% Ni 钢的韧性，使其达到最佳性能。

三、低温钢的显微组织特征

（一）板条马氏体

图 4-5 展示了板条马氏体的显微组织示意图。淬火后，原奥氏体晶粒被多个板条束分割，每个板条束进一步分为板条块，而每个板条块则由排列成束状的细长板条组成，这些板条具有相似的取向。在低碳钢中，板条块包含两个亚板条块，每个亚板条块由两组特定的 Kurdjumov-Sachs（简称"K-S"）变体板条构成，亚板条束之间的取向差为小角度晶界。

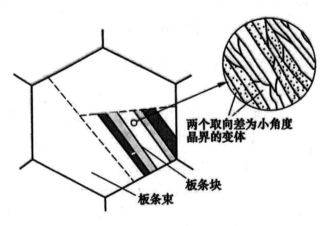

图 4-5 板条马氏体显微组织示意图

晶粒尺寸越细小，晶界所占比例越大，对位错运动的阻碍作用也越大，从而导致强度升高；这种因晶粒细化而产生的强化方式被称为细晶强化。细晶强化是唯一能同时提高材料强度和韧性的强化方式。研究表明，马氏体板条束尺寸与屈服强度遵循霍尔-佩奇关系，因此可将板条束尺寸作为控制强度的有效晶粒尺寸。研究发现，随着原奥氏体晶粒的细化，板条尺寸并未发生明显变化，但板条束尺寸成比例减小，因此细化原奥氏体晶粒可有效提升钢板的强度。

图 4-6 展示了 Fe-Ni-C 和 Fe-Mn-C 马氏体板条束尺寸对屈服强度的影响。从图中可以看出，屈服强度与板条束尺寸基本呈线性关系，但低碳高镍钢的斜率较小。有学者针对淬火和回火马氏体组织对 Fe-0.2 % C 钢拉伸性能的影响进行了研究，结果表明：淬火马氏体的板条束尺寸与屈服强度符合 Hall-Petch 关系；然而，回火处理会显著弱化板条束尺寸对屈服强度的影响，导致 Hall-Petch 斜率趋于平缓。

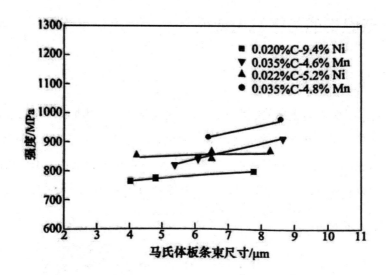

图 4-6 Fe-Ni-C 和 Fe-Mn-C 马氏体板条束尺寸对屈服强度的影响

细化晶粒增大了晶界面积，从而降低了因位错塞积导致的应力集中。此外，由于晶界面积的增加，杂质元素在晶界上的偏聚程度也相应减小，进一步避免了沿晶脆性断裂的发生。韧脆转变温度T_c与晶粒尺寸的关系如下：

$$T_c = A - Bd^{-1/2} \qquad （4-1）$$

式中：A，B——常数；

d——有效晶粒尺寸。

近年来，各国学者围绕低碳马氏体中的亚结构开展了广泛研究，致力于探索控制其韧性的基本单元。研究表明，Mn-Mo-Ni 低合金钢中，原奥氏体晶界与板条束界可显著阻碍裂纹扩展（见图 4-7），这不仅提高了材料的冲击吸收功，还改善了其低温韧性。同时，针对 17CrNiMo6 马氏体钢的研究发现，通过组织细化可影响韧脆转变温度，其中板条束尺寸被视为控制韧性的"有效晶粒尺寸"。

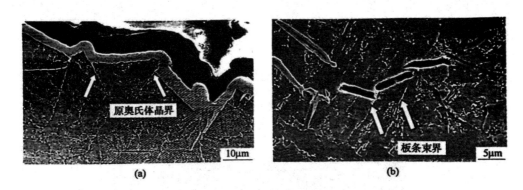

图 4-7 冲击试样（测试温度-100℃）端口表面下方微裂纹

（二）临界铁素体

临界铁素体是由马氏体等非平衡组织经两相区热处理形成的。图 4-8 展示了临界铁素体的形貌及对应的合金元素分布情况。从图中可以看出，临界铁素体的形貌与高温奥氏体相变形成的多边形铁素体存在明显差异，其主要保留了原始板条状结构。EPMA 面扫描图表明，在两相区热处理过程中，合金元素发生了显著配分，C、Ni 等元素从临界铁素体向奥氏体扩散，致使临界铁素体中 C、Ni 元素含量显著降低。

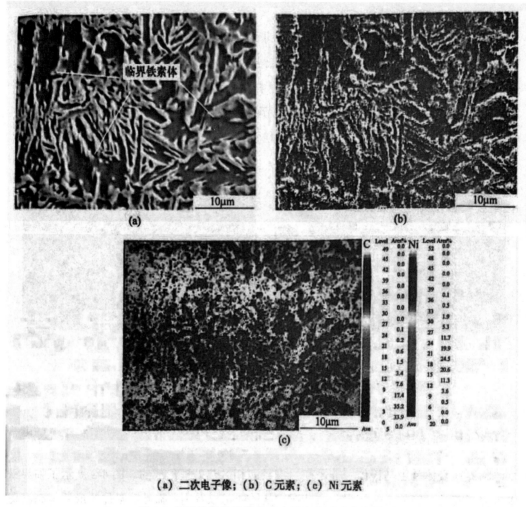

(a) 二次电子像；(b) C元素；(c) Ni元素

图 4-8 临界铁素体形貌和对应的合金元素分布图

由于临界铁素体中合金元素含量和位错密度较低，其硬度较低，具有良好的塑性变形能力；在应力作用下，临界铁素体能够发生显著的塑性变形，从而缓解应力集中，有效阻碍裂纹的形成和扩展。黄开有等人研究了亚温淬火对 25 MnV 钢组织和性能的影响，发现弥散分布于基体中的板条状铁素体能够抑制奥氏体晶界的迁移，进而阻止奥氏体晶粒的长大。微合金钢回火脆化的原因通常与 S、P 等有害元素在晶界的偏聚有关，这些元素降低了晶界结合力。马跃新等人指出，S、P 等杂质元素在 bcc 相中的溶解度高于在 fcc 相中的溶解度，因此在保温过程中，S、P 倾向于在 bcc 相中富集，减少了其在晶界处的偏聚。研究人员结合 QLT 工艺对 Fe-13 % Cr-4 % Ni-Mo 马氏体不锈钢组织演变和低温韧性的影响，并利用三维原子探针检测了 P 的偏析情况，发现 P 均匀分布在 bcc 相中，且在两相界面和逆转奥氏体中未出现 P 偏聚，从而增强了逆转奥氏体的稳定性。罗小兵等人认为，临界铁素体与马氏体相互交错形成的组织类似于"纤维增强复合材料"，这种组织不仅提升了钢的强度，而且由于临界铁素体作为软相，能够缓解应力集中，阻止裂纹的形成和扩展，从而有助于改善韧性。

（三）逆转奥氏体

与高温奥氏体和淬火后残余奥氏体不同，逆转奥氏体是马氏体钢重新加热至 A_1 温度附近时发生 $\alpha \rightarrow \gamma$ 转变而形成的。由于马氏体相变的遗传性，逆转奥氏体与基体之间存在特定的位相关系，通常表现为 K-S 取向关系和 Nishiyama-Wassermann（以下简称"N-W"）关系。

在低碳马氏体、贝氏体钢中引入适量弥散分布的奥氏体，可显著改善材料的低温韧性。逆转奥氏体的稳定性是提升韧性的关键因素，若其稳定性过低，则易诱发脆性裂纹，进而降低钢的低温韧性。侯家平等人的研究表明，经 QLT 工艺处理的 9％Ni 钢在-196℃下的冲击功与稳定逆转奥氏体的含量呈现出良好的对应关系。杨跃辉等人则认为，逆转奥氏体的分布与形态同样是影响 9％Ni 钢低温韧性的重要因素。关于逆转奥氏体的韧化机制，目前主要存在以下几种观点：

1.净化基体

逆转奥氏体能够吸收基体中的 C 元素，进而提升钢的低温韧性。逆转奥氏体的形成有助于降低韧脆转变温度，这主要是因为它能吸收晶界处的 C、P 等对韧性有害的元素，从而增强了晶界韧性。Mn 在大角度晶界的富集会引发晶界脆化，而逆转奥氏体的形成则净化了晶界，从而改善了材料的韧性。研究进一步表明，晶界处的 Mn 元素偏聚于逆转奥氏体中，能够增强晶界结合力，进一步韧化晶界。

2.裂纹尖端相变诱发塑性（TRIP 效应）

在裂纹尖端应力作用下，逆转奥氏体相变为马氏体，吸收额外能量，从而提高冲击功。研究表明，变形过程中相变的逆转奥氏体对 TRIP 效应的贡献最大，而变形前已转变的逆转奥氏体贡献最小，未发生相变的逆转奥氏体贡献居中。断口附近变形区域的逆转奥氏体完全消失，表明其在变形过程中全部转变为马氏体，马氏体相变消耗部分能量，进而改善材料的低温韧性。然而，TRIP 效应提升韧性的机制仍存在争议。张弗天等人在研究逆转奥氏体对 9 ％ Ni 钢低温韧性的影响时指出，断口上逆转奥氏体向马氏体转变所消耗的能量较少，不足以解释 9 ％ Ni 钢的高韧性，并认为材料韧性的提升主要源于奥氏体在变形过程中发生的最大塑性变形。另外，10 ％的逆转奥氏体仅能提供 3.3 J 由马氏体相变产生的冲击功增量。研究进一步表明，逆转奥氏体在裂纹尖端应力作用下相变为马氏体时，相变引发的膨胀效应能够松弛裂纹尖端的应力集中，从而有效减缓甚至终止裂纹扩展。此外，膨胀产生的压力还可促使破裂面贴合，这种对裂纹扩展的阻碍作用是逆转奥氏体韧化的主要原因。

3.细化晶粒

当热稳定性较差的逆转奥氏体在低温下转变为马氏体时，新形成的马氏体与周围板条束具有相同的位相关系；然而，受应力作用转变的逆转奥氏体所形成的马氏体，与周围板条之间则呈现不同的位向关系，从而有效细化了穿晶断裂的晶粒尺寸。研究发现，在 9 ％ Ni 钢中，逆转奥氏体与周围板条束大多遵循 K-S 关系，而与受应力作用转变的逆转奥氏体所形成的马氏体则呈现 N-W 关系。他们认为，这种转变方式是为了使新形成马氏体的弹性应变能最小化。

4.裂纹尖端钝化

逆转奥氏体作为马氏体周边的软相，具有相对更优的塑性性能。当裂纹扩展至逆转奥氏体区域时，裂纹尖端会发生转向和分叉现象，甚至可能使正在扩展的裂纹钝化，从而显著提高钢材的低温韧性（见图 4-9，图中 γ'表示逆转奥氏体）。

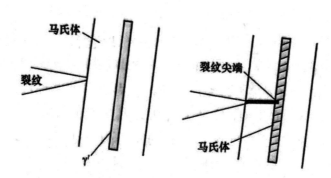

图 4-9 逆转奥氏体阻碍裂纹扩展示意图

四、低温钢的强韧化技术

在 Ni 系低温钢中，为确保低温韧性与焊接性能，不宜采用较高含量的 C、N 等间隙原子来实现固溶强化。然而，可通过适量添加其他合金元素进行强化。研究发现，在回火过程中加入 Cu 元素能够促使马氏体基体形成细小的 Cu 颗粒，从而实现析出强化，提升屈服强度、抗拉强度并增加加工硬化率。同时，在 50 mm 厚板中降低 Si 含量并添加 Nb 进行强化，不仅能改善热影响区的韧性，也能保证较高的强度。值得注意的是，Ni 和 Mn 作为 Ni 系低温钢的必要合金元素，在一定程度上也起到强化作用。综合考虑合金元素配比与成本因素，添加合金元素不宜作为主要的强化手段。

Ni 系低温钢通常需要通过淬火处理获得马氏体基体，以确保材料的强度。为了进一步提升材料强度，许多学者通过优化热处理工艺来细化组织，从而改善强韧性。他们普遍采用细晶强化的方式，因为这是唯一一种在不降低韧性的前提下实现强化的方法。一些学者利用 $\alpha \rightarrow \gamma \rightarrow \alpha'$ 相变来细化马氏体组织，使中心处晶粒尺寸达到 0.9 μm，1/4 厚度处晶粒度甚至可达到 0.83 μm。另一些学者则采用两次奥氏体区淬火加双相区淬火热循环工艺，细化原奥氏体晶粒，使板条马氏体组织得到细化，增加了回火过程中逆转奥氏体的形核点，在获得更多稳定逆转奥氏体、显著提高冲击韧性的同时，仍能保持高强度的特性。在采用 QLT 工艺时，有效晶粒尺寸也能得到一定程度的细化，因为双相区保温过程中，会在原奥氏体晶粒或晶界交汇处形成细小的新奥氏体晶粒，从而细化奥氏体晶粒；同时，板条间富奥氏体稳定元素的二次马氏体在回火后形成新的逆转奥氏体，会打断同一取向马氏体板条分布的连续性，进一步细化有效晶粒尺寸。

Ni 系低温钢的低温韧性是其力学性能的核心，从低碳钢的韧化机制可以看出，基体组织的细化、合理的合金化及残余奥氏体的存在均有利于提升低温韧性。然而，以往对 Ni 系低温钢的研究主要集中于热处理工艺对其强韧化的影响。为了获得良好的强韧化匹配组织，许多学者在 Ni 系低温钢的热处理工艺参数方面进行了大量研究，这些研究主要通过调整回火工艺参数来获得更多稳定的逆转奥氏体，从而实现韧化。例如，李国明等人在研究调质热处理工艺参数对 9% Ni 钢的影响时发现，淬火介质对其低温冲击韧性影响较小，而淬火温度在特定范围内对低温冲击韧性具有显著影响，且回火温度对其低温冲击韧性的影响亦十分显著。杨秀利等人则通过研究 QT 热处理中回火温度对低温韧性的影响，提出在 550～600℃回火可使 9% Ni 钢的强度与韧度达到最佳匹配，同时其他性能也趋于最优。王华等人将研究重点放在热处理工艺参数与逆转奥氏体对冲击韧性的关系上，指出逆转奥氏体的含量、分布及稳定性对 Ni 系低温钢的低温韧性具有关键作用。刘东风等人则提出，Ni 系低温钢的低温韧性除了受逆转奥氏体影响外，可能还受到其他重要因素的控制，如奥氏体或铁素体界面结构、杂质元素含量等，并建议通过细化晶粒、提高钢的纯净度以及添加合金元素等手段来进一步改善其低温韧性。

第四节 低温钢的最新研究进展及发展趋势

一、低温钢的最新研究进展

Ni 合金在 Ni 系低温钢成本中占比较大，且较高的 Ni 含量会对后续的炼钢、连铸及焊接等工序带来诸多问题。例如，在实际生产中发现，9％Ni 钢在连铸过程中铸坯表面质量较差，容易出现开裂现象；同时，9％Ni 钢的剩磁较高，焊接时易发生磁偏吹现象，增加了焊接难度。因此，研发减 Ni 化钢对国内 Ni 系低温钢的发展具有重要意义。然而，Ni 含量的降低会导致钢的韧脆转变温度升高，并恶化其低温韧性。为解决低 Ni 钢韧性较差的问题，需要通过改变加工工艺，增加钢中逆转奥氏体的含量。尽管 QLT 工艺能够显著提升逆转奥氏体含量，改善钢的低温韧性，但经 QLT 工艺处理后的钢存在强度偏低的问题，且该工艺具有工序复杂、能耗大、生产周期长等缺点，因此在实际生产中很少采用。王猛基于热机械控制工艺和 TMCP 技术，采用低温控制轧制工艺细化晶粒，在热轧完成后，通过超快冷工艺迅速冷却至室温；随后结合两相区保温淬火+回火（TMCP-UFC-LT）工艺制备了低 Ni 钢，系统研究了 TMCP-UFC-LT 工艺对低 Ni 钢组织及力学性能的影响，并探讨了其强韧化机理，为开发高韧性、低成本 Ni 系低温钢奠定了工艺基础。TMCP-UFC-LT 工艺示意图如图 4-10 所示。

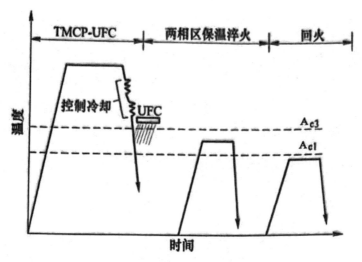

图 4-10 TMCP-UFC-LT 工艺示意图

低 Ni 钢轧制过程的道次压下分配见表 4-3。四种热轧工艺的总压下率均为 85 %。工艺 A 采用完全再结晶区控制轧制工艺，轧制温度范围为 1 050~1 150℃，道次压下率为 20 %~27 %。工艺 B、工艺 C 和工艺 D 则采用两阶段控制轧制工艺，再结晶区道次压下率分别为 65 %、53 %和 35 %，再结晶区轧制温度范围同样为 1 050~1 150℃。工艺 B、工艺 C 和工艺 D 的精轧开轧温度约为 880℃，终轧温度约为 860℃。不同热轧工艺条件下的原奥氏体晶粒组织如图 4-11 所示。由于工艺 A 采用完全再结晶区轧制，其奥氏体晶粒呈等轴状，平均尺寸约为 27.4 μm。由于热轧时轧制速度较快，发生不完全动态再结晶，形成了部分粗大的奥氏体晶粒，细化晶粒主要通过两道次热轧间的待温时间发生静态再结晶来实现。

表 4-3 低 Ni 钢轧制过程的道次压下分配

工艺	道次压下/ mm
A	100→80→62→47→35→26→19→15
B	100→80→62→47→35→待温→26→19→15
C	100→80→62→47→待温→35→26→19→15
D	100→85→73→65→待温→47→35→26→19→15

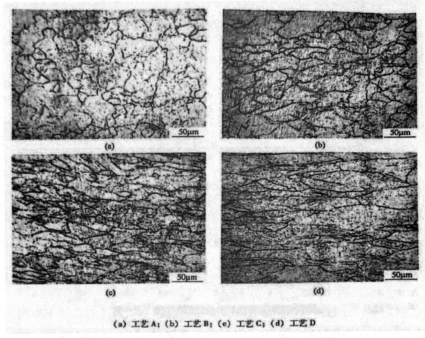

(a) 工艺 A；(b) 工艺 B；(c) 工艺 C；(d) 工艺 D

图 4-11 不同热轧工艺条件下的原奥氏体晶粒组织

通常情况下，在奥氏体再结晶区，随着变形量的增大，奥氏体再结晶晶粒会逐渐细化。然而，再结晶区的轧制细化晶粒存在一定限度，当道次压下率超过 50％时，晶粒细化的趋势会减弱。工艺 B、工艺 C 和工艺 D 均采用两阶段控制轧制工艺，观察发现奥氏体晶粒呈现压扁状态，并沿轧制方向被拉长。其中，工艺 D 中存在宽度约 50μm 的粗大晶粒，同时也存在极为细小的晶粒。这主要是因为工艺 D 在再结晶区的总压下率仅为 35％，且道次压下率较小，再结晶细化晶粒的效果较差，原奥氏体晶粒平均尺寸约为 33.8μm。工艺 B 在未再结晶区的压下率较小，为 57％，因此再结晶晶粒的压扁程度较低，晶粒分布不均匀，原奥氏体晶粒平均直径为 27.6μm。工艺 C 在未再结晶区的压下率为 68％，奥氏体晶粒均匀且细小，原奥氏体晶粒平均尺寸约为 24.6μm。在未再结晶区，随着压下量的增加，奥氏体的长宽比增大，单位体积中奥氏体的晶界面积也随之增加，同时在晶内会产生大量变形带和高密度位错。这些变形带与晶界的作用类似，在相变时均可作为形核位置，从而提高形核率；然而，当未再结晶区的总压下率低于 60％时，变形带密度较小且分布不均匀，因此有必要将总压下率提高至 60％以上。

图 4-12 展示了不同终轧温度下的原奥氏体晶粒组织。从图中可以看出，当终轧温度为 820℃时，原奥氏体晶粒均匀细小，呈压扁状并沿轧制方向拉长，其中 7％Ni 钢的

压扁程度更为显著。此时，3.5％Ni钢和7％Ni钢的原奥氏体晶粒平均尺寸分别为24.1μm和23.1μm；而当终轧温度升至880℃时，二者的平均尺寸分别增大至27.6μm和28.5μm。值得注意的是，过高的终轧温度会导致原奥氏体晶粒分布不均，出现粗大晶粒。这可能是由于轧制温度较高时，部分再结晶发生，致使原始组织中尺寸较大的晶粒吞噬细小的再结晶晶粒，从而促使晶粒进一步粗化。因此，终轧温度不宜设置过高。

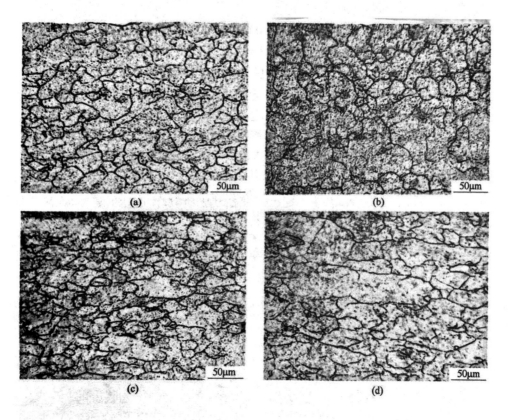

(a) 3.5%Ni钢，820℃；(b) 3.5%Ni钢，880℃；(c) 7%Ni钢，820℃；(d) 7%Ni钢，880℃

图4-12 不同终轧温度下的原奥氏体晶粒组织

不同冷却路径下，5％Ni钢热轧板的显微组织如图4-13所示。从图中可以看出，5%Ni钢在空冷条件下的组织由多边形铁素体、珠光体和少量粒状贝氏体组成；而在超快冷条件下，组织则主要为板条马氏体。由此可见，超快冷促进了非平衡组织马氏体的转变，并细化了室温组织。

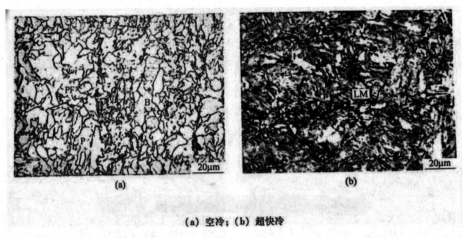

(a) 空冷；(b) 超快冷

图 4-13 不同冷却路径下 5% Ni 钢热轧板的显微组织

将不同冷却路径下的钢板加热至 810℃并保温 40 分钟后进行淬火处理，随后观察其原奥氏体晶粒组织，结果如图 4-14 所示。从图中可以看出，重新奥氏体化后，采用超快冷处理的钢板中原奥氏体晶粒更为细小。通常认为，奥氏体首先在铁素体与渗碳体的相界面上形核，相界面越多，奥氏体的形核点也随之增加，导致晶粒更为细小。对于马氏体和贝氏体等非平衡态组织，在 Ac_1 温度以上已分解为弥散分布的微细粒状渗碳体，因此铁素体与渗碳体的相界面数量较多，形核率较高，从而在加热时获得比平衡态组织更细小的奥氏体晶粒。控制冷却速度不仅有助于细化轧态组织，还对后续的热处理组织产生显著影响。

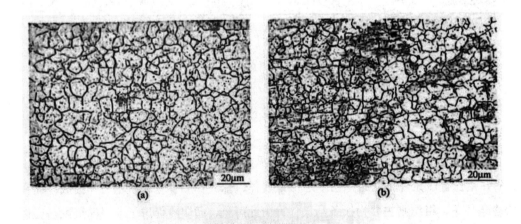

(a) 空冷；(b) 超快冷

图 4-14 奥氏体化后的原奥氏体晶粒组织

对低 Ni 钢进行不同两相区温度和回火温度的热处理，两相区温度和回火时间分别设置为 40 min 和 60 min。图 4-15 展示了两相区保温温度对 3.5％Ni 钢力学性能的影响。随着两相区温度的升高，3.5％Ni 钢在-135℃下的冲击吸收功先增加后降低，其最高值出现在 690℃，此时冲击吸收功为 270 J；而强度随两相区温度的升高变化不明显。

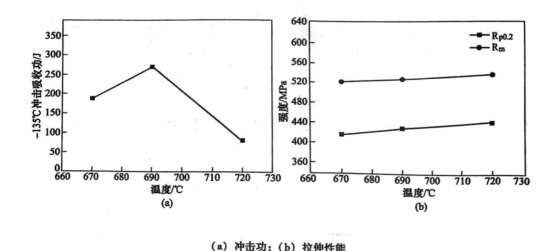

（a）冲击功；（b）拉伸性能

图 4-15 两相区保温温度对 3.5％Ni 钢力学性能的影响

图 4-16 展示了 3.5％Ni 钢在 690℃保温淬火试样的 SEM 像和 EPMA 分析结果。从图中可以看出，Mn、C、Ni 元素在板条状组织中呈现富集特征；同时，板条状组织表面的浮凸现象清晰可见，表明其为淬火马氏体。在淬火马氏体边界处，存在少量呈亮衬度的薄膜状区域，推测为淬火过程中未完全转变的残余奥氏体。在两相区保温过程中，奥氏体会沿原奥氏体晶界和板条界形核并长大，形成奥氏体与临界铁素体的混合组织。淬火时，由于稳定性不足，绝大部分奥氏体会重新转变为马氏体。因此，两相区保温淬火后的组织主要由富合金元素的马氏体和贫合金元素的铁素体构成，同时保留少量残余奥氏体。在回火过程中，富含奥氏体稳定元素的板条温度较低，逆转奥氏体易于在其板条界处形核，而残余奥氏体也可作为逆转奥氏体的核心继续生长。由于合金元素只需经过较短距离即可扩散至逆转奥氏体内，这促进了逆转奥氏体的长大与稳定。

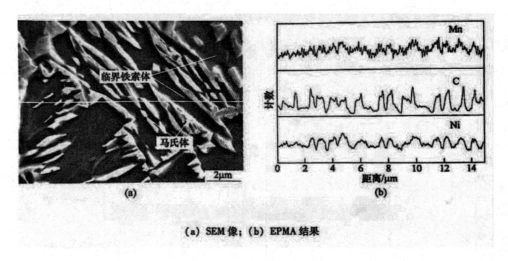

(a) SEM 像；(b) EPMA 结果

图 4-16 3.5 % Ni 钢 690℃保温淬火试样的 SEM 像和 EPMA 结果

　　图 4-17 展示了 3.5 % Ni 钢在不同两相区温度条件下的 SEM 显微组织。从图中可以看出，各温度条件下的组织均包含回火马氏体、临界铁素体和逆转奥氏体。当两相区温度较低时，组织中临界铁素体含量较高，亮衬度区域较少；随着温度升高至 690℃时，临界铁素体含量减少，板条间出现大量针状分布的亮衬度区域；当温度进一步升高至 720℃时，组织主要由规则排列的马氏体板条构成，板条间仅有少量亮衬度区域分布。通过 Thermo-Calc 热力学软件计算得出，7 % Ni 钢在不同温度下逆转奥氏体的体积分数和合金元素质量分数如表 4-4 所示。数据显示，随着两相区温度的升高，奥氏体相的体积分数持续增加，但其中 C、Mn、Ni 等合金元素的质量分数则呈现下降趋势。

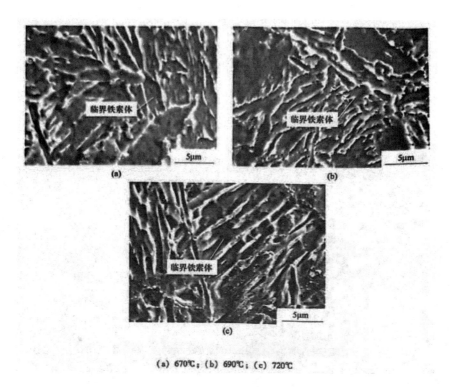

(a) 670℃; (b) 690℃; (c) 720℃

图 4-17 3.5 %Ni 钢在不同两相区温度条件下的 SEM 像

表 4-4 不同温度下 7 % Ni 钢逆转奥氏体的体积分数和合金元素的质量分数

温度/℃	体积分数/%	质量分数/%		
		C	Mn	Ni
660	48	0.13	1.33	11.39
670	61	0.10	1.09	9.80
700	88	0.07	0.81	7.80

　　采用 TEM 进一步观察了 7% Ni 钢在不同两相区温度条件下逆转奥氏体的形貌和分布，结果如图 4-18 所示（图中 γ'代表逆转奥氏体）。在较低的两相区温度（650℃）下，逆转奥氏体的尺寸较大，但数量较少，且奥氏体中 C、Mn 和 Ni 元素的富集程度较高。淬火后形成富合金元素的板条马氏体，回火时逆转奥氏体沿富合金元素的板条形核，有利于逆转奥氏体的长大和稳定。然而，富合金元素板条在组织中所占比例较低，形核点较少，导致逆转奥氏体数量较少且分布不均匀。当两相区温度升高至 700℃ 时，生成的

奥氏体相体积分数较高，淬火后形成的富合金元素板条也较多，但合金元素在奥氏体相中的质量分数随两相区温度的升高而降低，板条中富集的合金元素含量减少，因此逆转奥氏体形核率较高但不易长大。图 4-18（c）显示，回火后在板条间形成了细小的针状逆转奥氏体，但其体积分数较低。当两相区温度为 670℃时，生成的富合金元素板条数量适中，合金元素富集程度较高，回火后获得了较多且分布均匀的逆转奥氏体。

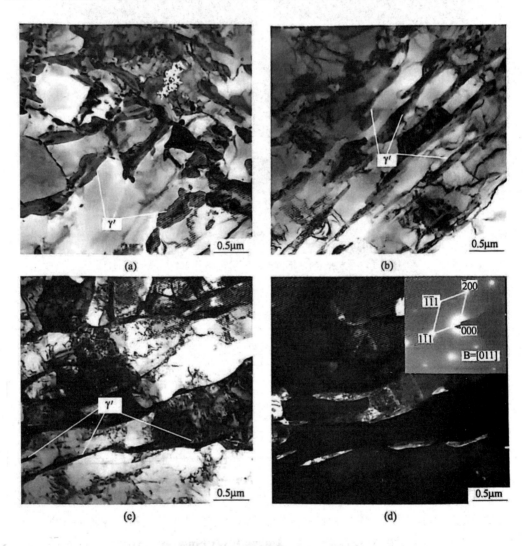

(a) 650℃；(b) 670℃；(c)，(d) 700℃

图 4-18 7％Ni 钢在不同两相区温度条件下逆转奥氏体的形貌和分布

　　图 4-19 为逆转奥氏体体积分数与低温韧性的关系。从图中可以看出，不同两相区温度条件下的低温冲击吸收功与逆转奥氏体具有很好的对应关系，这表明逆转奥氏体是提高 Ni 系低温钢低温韧性的主要因素。

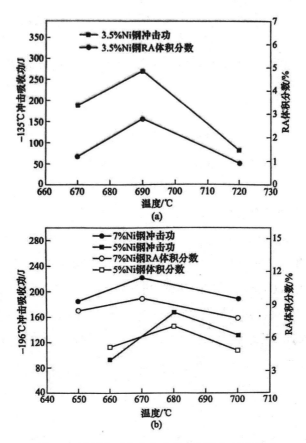

图 4-19 逆转奥氏体体积分数与低温韧性的关系

　　图 4-20 展示了回火温度对 3.5％Ni 钢力学性能的影响。随着回火温度的升高，3.5％ Ni 钢的冲击吸收功先增加后减少，在 610℃时达到峰值；抗拉强度在实验温度范围内保持相对稳定，而屈服强度则随回火温度的上升而逐渐降低。

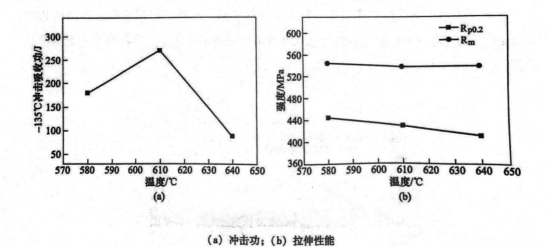

（a）冲击功；（b）拉伸性能

图 4-20 回火温度对 3.5％Ni 钢力学性能的影响

　　图 4-21 展示了不同回火温度下 3.5％Ni 钢的显微组织（图中 γ'代表逆转奥氏体）。从图中可以看出，在不同回火温度下，3.5％Ni 钢的组织均由临界铁素体、回火马氏体及少量逆转奥氏体组成。在 SEM 图像中，逆转奥氏体呈现较亮衬度，主要分布于板条界处。当回火温度为 580℃时，3.5％Ni 钢中的逆转奥氏体含量较少且尺寸较小。随着回火温度的升高，逆转奥氏体数量显著增加，多呈针状分布于马氏体板条间。当回火温度达到 640℃时，部分亚稳逆转奥氏体在水冷过程中转变为马氏体，导致组织中淬火马氏体含量增加。

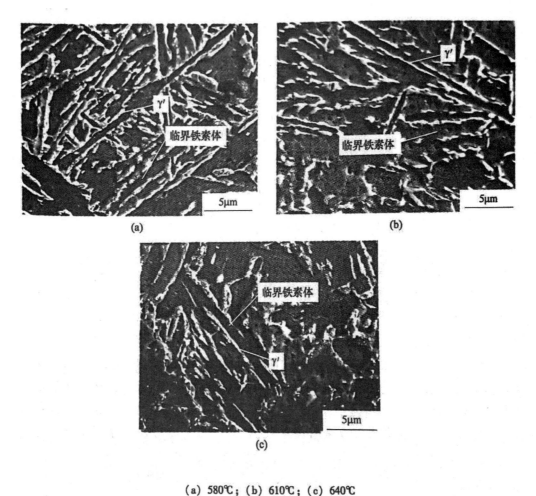

(a) 580℃；(b) 610℃；(c) 640℃

图 4-21 不同回火温度下 3.5% Ni 钢的显微组织

图 4-22 展示了 Ni 系低温钢中逆转奥氏体体积分数与回火温度的关系。从图中可以看出，3.5％ Ni 钢、5％ Ni 钢和 7％ Ni 钢中逆转奥氏体的体积分数均随回火温度的升高而增大。此外，在同一回火温度下，逆转奥氏体的体积分数随 Ni 含量的增加而递增。

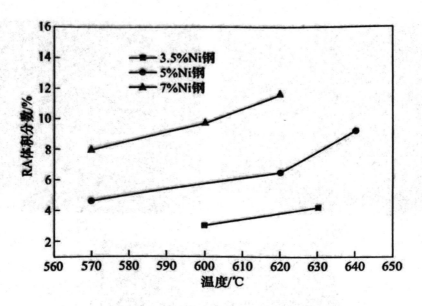

图 4-22 Ni 系低温钢的逆转奥氏体体积分数与回火温度的关系

通过 TEM 进一步观察了 5％ Ni 钢在不同回火温度下逆转奥氏体的形貌和分布，结果如图 4-23 所示（图中 γ'代表逆转奥氏体）。在 580℃回火的试样中，逆转奥氏体呈细小针状分布于板条界处，其排列方向与相邻板条一致，宽度为 20～55 nm；当回火温度升高至 620℃时，逆转奥氏体的形貌和分布变化不大，但其宽度显著增大，为 30～200 nm；在 640℃回火后，逆转奥氏体明显长大，并出现大尺寸的不规则块状结构，其宽度为 30～250 nm。

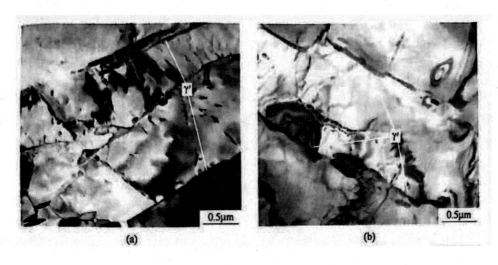

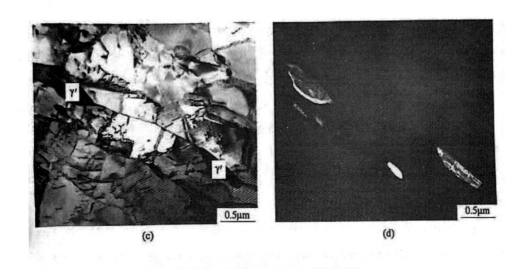

(a) 580℃；(b) 620℃；(c)，(d) 640℃

图 4-23 5％Ni 钢在不同回火温度条件下逆转奥氏体的形貌和分布

　　随着回火温度的升高，三种 Ni 系低温钢中的逆转奥氏体尺寸均呈增大趋势。这一现象可归因于逆转奥氏体的长大受扩散过程控制，而回火温度的提升加速了合金元素的扩散速率，进而加快了逆转奥氏体的长大进程。在相近的回火温度条件下，Ni 含量较高的实验钢中逆转奥氏体尺寸更为显著，这与 QT 工艺中 Ni 元素对逆转奥氏体的影响规律一致，主要由于 Ni 元素增强了 $\alpha \rightarrow \gamma$ 相变驱动力，促进了相变过程。值得注意的是，针状逆转奥氏体的长大主要沿厚度方向进行，其长轴尺寸在初始阶段变化不大，但当回火温度过高时，长轴尺寸反而减小，促使逆转奥氏体向块状转变。王长军等人的研究表明，板条间析出的薄膜状奥氏体的长大规律与两相区热处理工艺密切相关：合金元素的初次配分导致板条界面两侧基体合金元素浓度存在显著差异，使得在界面处形核的针状逆转奥氏体更倾向于向合金元素浓度较高的一侧生长。

　　多相组织的屈服强度主要由软相决定，而抗拉强度主要由硬相决定。Ni 系低温钢经 TMCP-UFC-LT 处理后，其组织中的回火马氏体为硬相，临界铁素体和逆转奥氏体则为软相。逆转奥氏体能够吸收基体中的合金元素，起到净化基体的作用；逆转奥氏体含量越多，对基体的净化作用越强，基体中合金元素的浓度也随之降低。随着回火温度的升高，逆转奥氏体含量增加，导致回火马氏体逐渐软化；此外，回火温度的提高还促进了板条的回复与再结晶，使得板条内部的位错密度大幅降低。这两个因素的共同作用使得 Ni 系低温钢的屈服强度随回火温度的升高而持续下降。抗拉强度虽然随回火温度的升高略有下降，但当回火温度过高时，抗拉强度反而有所上升。过高的回火温度导致钢中形成大量逆转奥氏体，其稳定性下降。在水冷过程中，部分逆转奥氏体转变为新鲜马氏体，从而提高了抗拉强度。此外，在拉伸过程中，逆转奥氏体转变为马氏体，产生 TRIP 效应，进一步提升了钢板的抗拉强度。TRIP 效应能够释放局部应力集中，延缓颈缩的产生，从而改善钢板的伸长率；因此，伸长率随逆转奥氏体含量的增加而提高。

前文已经阐明，在不同两相区温度条件下，逆转奥氏体含量与低温韧性之间存在显著的对应关系；然而，在不同回火温度条件下，逆转奥氏体含量与低温韧性之间的关联性并不明显。这一现象主要归因于逆转奥氏体的稳定性下降。当在液氮中保温 10 分钟后，逆转奥氏体含量降至 7.8%，其中约 15% 的逆转奥氏体在 -196℃ 下重新转变为新鲜马氏体。这种硬而脆的新鲜马氏体与基体的塑性形变不相容，容易促进裂纹的形成与扩展，从而导致冲击韧性下降。研究表明，C、Mn、Ni 等奥氏体稳定元素在逆转奥氏体中的富集是其主要稳定性的关键因素之一。钢中合金元素的含量是固定的，逆转奥氏体体积分数越高，其富集的合金元素含量越低，进而导致逆转奥氏体的稳定性变差。奥氏体的稳定性不仅与其富集的合金元素有关，还与其晶粒尺寸密切相关。假设奥氏体通过一种简单的变体方式转变为马氏体，其弹性应变能的增加可由下式表示：

$$\Delta E = 0.5E_1\varepsilon_1^2(x/d)^2 + \left(0.5E_2\varepsilon_2^2 + 0.5E_3\varepsilon_3^2\right)(x/d) \tag{4-2}$$

式中：E_i（i=1，2，3）为杨氏模量；

    ε——各个晶面的弹性应变；

    x——马氏体板条的厚度；

    d——奥氏体晶粒尺寸。

E_1、E_2 和 E_3 分别为 132.1 GPa、220.8 GPa 和 220.8 GPa，ε_1、ε_2 和 ε_3 分别为 0.139、0.07 和 0.014。将杨氏模量和应变代入式（4-2）中，可得：

$$\Delta E = 1276.1(x/d)^2 + 562.6(x/d) \tag{4-3}$$

采用电子背散射衍射（EBSD，步长为 0.1 μm）对 600℃ 和 620℃ 条件下的逆转奥氏体晶粒尺寸进行了检测，结果分别为 0.22 μm 和 0.26 μm。当板条宽度为 0.2 μm 时，根据式（4-3）计算得出，600℃ 和 620℃ 条件下的弹性应变能分别为 1566.1 MJ/cm³ 和 1566.1 MJ/cm³。分析表明，$\triangle E$ 随着逆转奥氏体晶粒尺寸的增加而降低，这虽然增强了逆转奥氏体向马氏体转变的能力，但也导致逆转奥氏体的稳定性下降。表 4-5 列出了 QT、QLT 和 TMCP-UFC-LT 工艺条件下 5% Ni 钢的力学性能。数据显示，在 QT 工艺条件下，5% Ni 钢的抗拉强度为 613 MPa，屈服强度为 529 MPa；在 QLT 工艺条件下，

5％Ni 钢的抗拉强度降至 583 MPa，屈服强度降至 462 MPa；而在 TMCP-UFC-LT 工艺条件下，5％Ni 钢的屈服强度较 QLT 工艺提高了 29 MPa，抗拉强度提高了 25 MPa。与 QT 工艺相比，QLT 和 TMCP-UFC-LT 工艺条件下的 5％Ni 钢的伸长率均显著提升。

表 4-5 QT、QLT 和 TMCP-UFC-LT 工艺条件下 5％Ni 钢的力学性能

工艺	R_m/MPa	$R_{p0.2}$/MPa	A/%	$R_{p0.2}$/Rm
QT	529	613	27	0.86
QLT	462	583	35	0.79
TMCP-UFC-LT	491	608	34	0.81

在不同热处理工艺条件下，5％Ni 钢于各温度下的冲击吸收功如图 4-24 所示。采用 QLT 与 TMCP-UFC-LT 工艺处理的试样在-196℃时的冲击吸收功分别为 199 J 和 185 J，表明实验钢在-196℃以上未发生韧脆转变现象；而采用 QT 工艺处理的试样在-196℃时的冲击吸收功仅为 34 J，其韧脆转变温度约为-156℃。

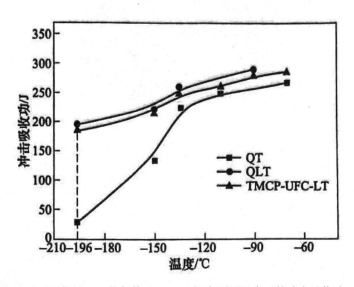

图 4-24 不同热处理工艺条件下 5％Ni 钢在不同温度下的冲击吸收功

图 4-25 展示了不同热处理工艺条件下 5％Ni 钢的 EBSD 图，其中 EBSD 步长为 0.05μm。经 QT 工艺处理的试样中，仅存在少量块状逆转奥氏体，主要分布于原奥

氏体晶界及马氏体板条束界等大角度晶界处；而在 QLT 及 TMCP-UFC-LT 工艺处理的试样中，逆转奥氏体含量显著增加且分布更为均匀。此时的逆转奥氏体呈现两种形态：一种为在原奥氏体晶界或板条束界处析出的不规则块状逆转奥氏体，另一种为分布于马氏体板条之间的针状逆转奥氏体。

(a) QT；(b) QLT；(c) TMCP-UFC-LT

图 4-25 不同热处理工艺条件下 5％Ni 钢的 EBSD 图

不同工艺条件下逆转奥氏体的晶粒尺寸分布如图 4-26 所示。从图中可以看出，在三种工艺条件下，逆转奥氏体的晶粒尺寸大多小于 0.3μm，其中 QLT 工艺条件下大尺寸逆转奥氏体的数量较多。QT、QLT 及 TMCP-UFC-LT 工艺条件下的逆转奥氏体平均晶粒尺寸分别为 0.135μm、0.162μm 和 0.177μm。通过 XRD（X 射线衍射）测试，QT、QLT 及 TMCP-UFC-LT 工艺处理的试样中,逆转奥氏体的体积分数分别为 1.93％、6.98％和 5.83％。

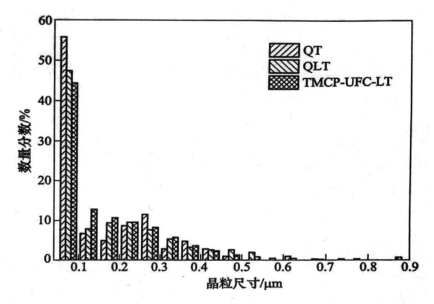

图 4-26 不同工艺条件下逆转奥氏体晶粒尺寸分布

　　采用 TEM 对 QT、QLT 及 TMCP-UFC-LT 工艺处理的试样组织进行了进一步观察，如图 4-27 所示（图中 γ'代表逆转奥氏体）。经高温回火后，QT 工艺处理的试样中，板条边界上存在片状析出物，其宽度为 40～70 nm，长度为 110～220 nm；选区衍射花样表明，这些片状析出物为渗碳体。此外，板条内部还分布有大量直径小于 20 nm 的球状渗碳体。QT 工艺处理的试样中，逆转奥氏体多呈不规则块状分布于原奥氏体晶界处，其长轴尺寸约为 400 nm。QLT 工艺处理的试样中，逆转奥氏体大多呈针状分布于马氏体板条界处，且沿一定方向排列，平均宽度为 120～160 nm。从逆转奥氏体与基体的选区衍射花样可知，针状逆转奥氏体与基体的取向关系为 K-S 关系：[$\bar{1}\bar{1}1$]∥[$10\bar{1}$]。TMCP-UFC-LT 工艺处理的试样中，逆转奥氏体同样多呈针状分布于马氏体板条界处，平均宽度为 80～100 nm，表明其逆转奥氏体宽度较小。选区衍射花样显示，逆转奥氏体与基体的取向关系也为 K-S 关系：[$\bar{1}\bar{1}1$]∥[$10\bar{1}$]。QT 工艺处理的试样中，逆转奥氏体含量较少且分布不均匀，由于长距离扩散较难，基体中 C 含量仍较高，因此基体上仍有大量渗碳体析出；而 QLT 与 TMCP-UFC-LT 工艺处理的试样中，逆转奥氏体含量较多且分布均匀，大量 C 原子从基体偏聚至逆转奥氏体中，因此 QLT 和 TMCP-UFC-LT 工艺处理的试样组织中基本不存在渗碳体。

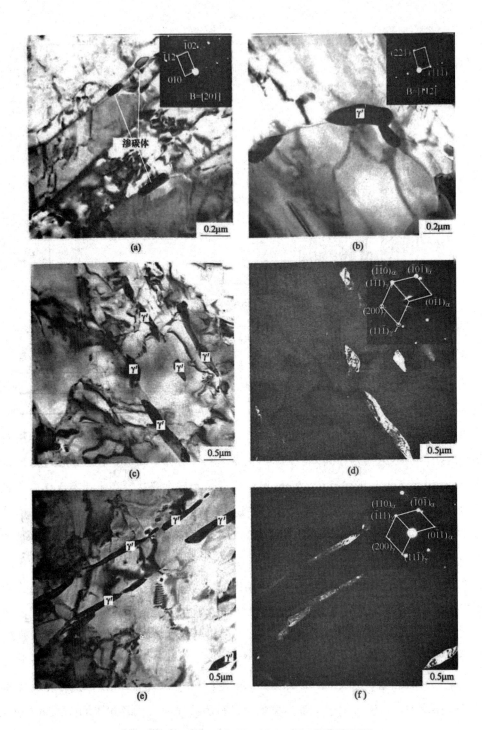

(a), (b) QT; (c), (d) QLT; (e), (f) TMCP-UFC-LT

图 4-27 不同工艺条件下 5% Ni 钢的 TEM 像

表 4-6 展示了不同热处理工艺条件下 5％Ni 钢的逆转奥氏体中 C、Mn、Ni 元素的含量。在 QLT 和 TMCP-UFC-LT 工艺中，两相区保温期间，合金元素首次在基体和奥氏体之间进行配分，形成富集合金元素的奥氏体和贫化合金元素的临界铁素体；经水淬后，奥氏体再次相变为马氏体。随后的回火过程中，逆转奥氏体沿富合金元素的马氏体板条界析出，此时板条内的合金元素仅需短距离迁移即可偏聚于逆转奥氏体中，完成合金元素的二次配分。因此，QLT 和 TMCP-UFC-LT 工艺下的合金元素富集程度高于 QT 工艺条件下的富集程度。

表 4-6 不同热处理工艺条件下 5％Ni 钢的逆转奥氏体中 C、Mn、Ni 元素的含量（质量分数，%）

工艺	C	Mn	Ni
QT	0.61	1.75	7.93
QLT	0.71	2.11	9.72
TMCP-UFC-LT	0.73	2.19	9.56

图 4-28 展示了经 QT、QLT 与 TMCP-UFC-LT 工艺处理后的 5％Ni 钢的 EBSD 图像，所用步长为 0.2μm。从图中可以看出，QT 工艺处理的 5％Ni 钢组织保留了马氏体板条结构，原奥氏体被板条束分割，而板条束又由大量取向相近的板条进一步分割，其中板条束界为大角度晶界。相比之下，QLT 和 TMCP-UFC-LT 工艺处理的 5％Ni 钢组织由回火马氏体和临界铁素体构成，二者之间的晶界同样为大角度晶界。与 QT 工艺处理的试样相比，QLT 和 TMCP-UFC-LT 工艺处理的试样中，小角度晶界较少，大角度晶界较多。具体而言，QT、QLT 及 TMCP-UFC-LT 工艺处理试样的大角度晶界比例分别为 44％、64％和 62％。

在 TMCP-UFC-LT 工艺条件下，5％Ni 钢的屈服强度和抗拉强度均高于 QLT 工艺，但其伸长率略低。这一现象可从两方面解释：首先，TMCP-UFC-LT 工艺下的逆转奥氏体含量较低，导致其对基体的净化程度略逊于 QLT 工艺，这使其强度较高但伸长率有所降低；其次，TMCP-UFC-LT 工艺在轧制过程中采用低温控制，使奥氏体晶粒在未再结晶区经历反复变形而压扁，从而在奥氏体内部形成高密度位错和大量变形带。通过控制轧制和在线淬火形成的马氏体组织，其位错密度高于离线淬火组织。离线淬火时，位错主要由马氏体相变时的体积膨胀产生；而控制轧制和在线淬火不仅继承了相变产生的位错，还保留了奥氏体低温轧制时的变形位错。由于马氏体相变以非均匀形核为主，其形核过程与位错、层错等晶体缺陷密切相关，因此低温控制轧制结合 UFC 工艺可获得更为细小的板条马氏体。随后通过亚温淬火和回火热处理，得到细小的回火马氏体晶粒，最终使 TMCP-UFC-LT 工艺处理的 5％Ni 钢具备更高的强度。

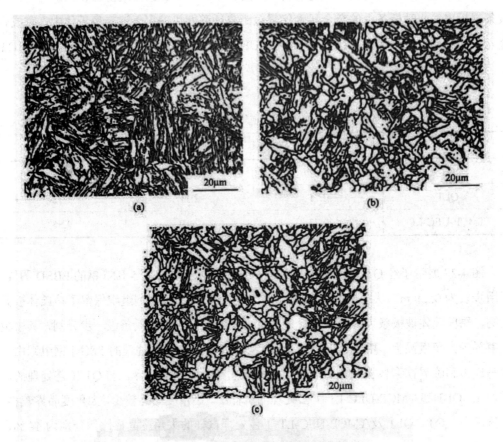

(a) QT；(b) QLT；(c) TMCP-UFC-LT

图 4-28 QT、QLT 与 TMCP-UFC-LT 工艺处理后 5％Ni 钢的 EBSD 图

图 4-29 展示了不同热处理工艺条件下 5％Ni 钢在-196℃的冲击断口形貌。经 QT 工艺处理的 5％Ni 钢断口呈现河流花样，并伴有塑性变形产生的撕裂棱。由于塑性变形程度较小，撕裂棱上的等轴韧窝尺寸较为微小，呈现出典型的准解理断裂特征。相比之下，经 QLT 与 TMCP-UFC-LT 工艺处理的 5％Ni 钢断口表面均匀分布着大量等轴韧窝，表明试样在断裂前发生了显著的塑性变形，消耗了大量能量。因此，这两种工艺处理的 5％Ni 钢表现出优异的低温韧性。

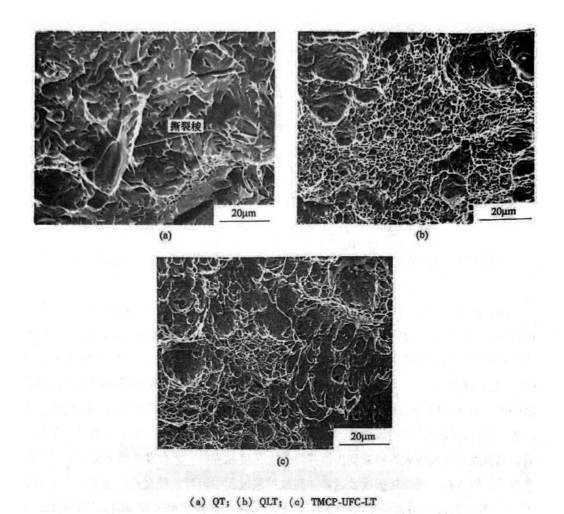

(a) QT; (b) QLT; (c) TMCP-UFC-LT

图 4-29 不同热处理工艺条件下 5％Ni 钢在-196℃的冲击断口形貌

不同热处理工艺条件下，5％Ni 钢的载荷-位移曲线如图 4-30（a）所示。经
TMCP-UFC-LT 工艺处理的试样，其峰值载荷略高于 QLT 工艺处理的试样，这是由于
TMCP-UFC-LT 工艺处理后的试样具有较高的强度；而 QT 工艺处理的试样在载荷曲线
上无明显塑性变形阶段，裂纹一旦形成便会迅速断裂。

图 4-30（b）展示了不同热处理工艺条件下 5％Ni 钢的冲击吸收功结果。其中，经
QT 工艺处理的试样，其裂纹形核功和裂纹扩展功分别为 23 J 和 11 J，表明其塑性变形
能力相对较差；而经 QLT 与 TMCP-UFC-LT 工艺处理的试样，其裂纹扩展功相较于 QT
工艺处理的试样则显著提升。

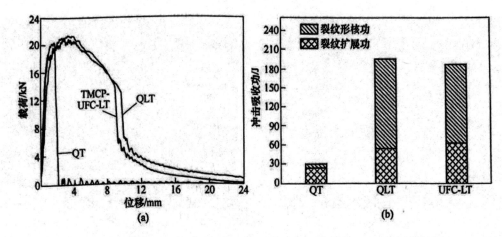

图 4-30 不同热处理工艺条件下 5 %Ni 钢的载荷—位移曲线（a）和冲击吸收功（b）

图 4-31 展示了不同热处理工艺条件下 5% Ni 钢冲击断口附近的 SEM 图像。从图中可以看出，具有尖锐棱角的片状渗碳体与基体界面处易成为微裂纹萌生的位点，而粗大或片状的渗碳体对韧性的损害作用远大于弥散分布的细小渗碳体。TEM 图像显示，经 QT 工艺处理的 5 % Ni 钢晶界处分布着尺寸较大的棒状渗碳体，这将导致裂纹形核功显著降低；而在 QLT 和 TMCP-UFC-LT 工艺条件下，5 % Ni 钢晶界处的棒状渗碳体溶解消失，使得裂纹形核功明显提高。小取向差的马氏体板条界无法有效阻碍裂纹的扩展，只有当裂纹遇到板条束界和原奥氏体晶界等大角度晶界时，才会发生明显偏转。大角度晶界的比例越高，裂纹转折次数越多，裂纹扩展过程中消耗的能量也就越多。对于 QT 工艺处理的试样，一方面由于大角度晶界的比例较低，裂纹扩展过程中遇到的阻碍较少；另一方面，大角度晶界处分布的渗碳体还会削弱晶界对裂纹的抵抗能力，导致裂纹扩展功显著降低。

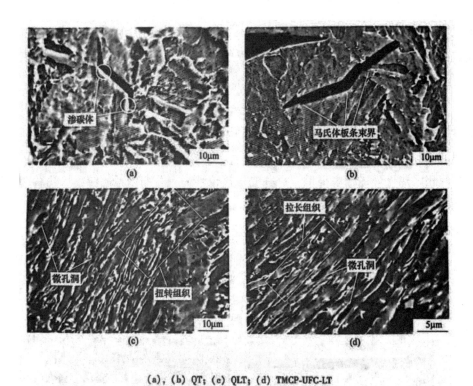

(a)，(b) QT；(c) QLT；(d) TMCP-UFC-LT

图 4-31 不同热处理工艺条件下 5% Ni 钢冲击断口附近的 SEM 像

　　在冲击过程中，裂纹尖端出现明显的应力集中现象。当应力超过基体的屈服强度时，基体发生塑性变形，进而在裂纹尖端形成塑性变形区，导致应力松弛。塑性变形区的形成能够显著提升材料的冲击韧性。一方面，基体的塑性变形会消耗大量能量；另一方面，基体组织的塑性变形能够缓解裂纹尖端的应力集中，从而抑制裂纹扩展。从图 4-31 中可以看出，经 QT 工艺处理的试样在裂纹转折处未出现明显的塑性变形，表现出较弱的抗裂纹扩展能力。这主要是因为基体组织的解理断裂强度低于屈服强度，在应力作用下未发生塑性变形便直接断裂。相比之下，QLT 和 TMCP-UFC-LT 工艺处理的试样中，基体组织被拉长和扭曲，发生了较大的塑性变形，因此在这两种工艺条件下，裂纹扩展功较高。

　　逆转奥氏体可有效阻碍裂纹扩展，提高裂纹扩展功。除逆转奥氏体的含量和稳定性外，其分布与形态也是影响低温韧性的重要因素。相较于块状逆转奥氏体，板条间分布的针状逆转奥氏体更有利于韧性提升，这主要归因于针状逆转奥氏体分布更为均匀，使裂纹扩展路径更加曲折，从而提高了裂纹扩展功。在 QT 工艺处理的试样中，逆转奥氏体主要沿大角度晶界析出，对裂纹扩展功影响较小；而在 QLT 和 TMCP-UFC-LT 工艺处理的试样中，逆转奥氏体主要沿马氏体板条界析出，能够更有效阻碍裂纹扩展，显著提高裂纹扩展功。

图 4-32 展示了 5％Ni 钢在 TMCP-UFC-LT 热处理过程中不同阶段的显微组织。从图中可以看出，5％Ni 钢经过低温控制轧制后，获得了细小的原奥氏体晶粒，这些晶粒沿轧向被拉长，其长短轴比约为 3.4∶1。这一变化增加了单位体积中奥氏体的晶界面积，为后续两相区热处理过程中提供了更多的形核位置，从而细化了晶粒。热轧后的钢板通过 UFC 工艺冷却后，形成了细小的马氏体和少量贝氏体。在低温轧制过程中，奥氏体晶粒内部产生了大量的变形带和位错等缺陷，这些缺陷与晶界共同提供了更多的马氏体形核位置。此外，奥氏体晶粒沿轧向的拉长阻碍了马氏体板条贯穿晶界，使得马氏体板条变短。5％Ni 钢在 680℃保温 40 分钟后淬火，其组织由临界铁素体和淬火马氏体组成；随后，在 620℃回火 60 分钟，逆转奥氏体在淬火马氏体板条界形核并长大。

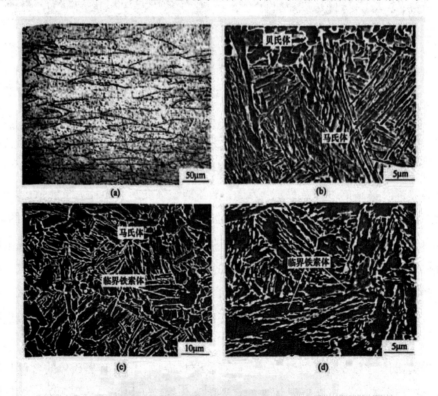

(a) TMCP 条件下原奥氏体晶粒；(b) TMCP-UFC；(c) TMCP-UFC-L；(d) TMCP-UFC-LT

图 4-32 5％Ni 钢在 TMCP-UFC-LT 热处理过程中不同阶段的显微组织

图 4-33 展示了 5％Ni 钢在不同热处理阶段的 EPMA 线扫描结果。从图中可以看出，经过 TMCP-UFC-L 工艺处理后，C、Mn、Ni 沿马氏体板条垂直方向呈现显著波动，这表明在两相区保温过程中，合金元素 C、Mn、Ni 在奥氏体和基体之间发生了初次配分。由于稳定性不足，在随后的淬火过程中，奥氏体重新转变为板条马氏体。回火时，针状逆转奥氏体在板条界面处形核，其排列方向与板条平行，合金元素由板条向逆转奥氏体中扩散，导致逆转奥氏体富集合金元素。富合金元素板条在回火过程中易于成为逆转奥氏体的形核点，主要原因如下：

（1）马氏体板条边界处的合金元素含量较高，且界面处扩散速率较快，易于形成较大的浓度起伏，在某一微区达到形成逆转奥氏体所需的合金元素含量；

（2）板条界面处的形核为非均匀形核，所需形核功较小；

（3）板条中的 C、Ni、Mn 原子仅需较短距离即可扩散至逆转奥氏体中，从而提高逆转奥氏体的稳定性。

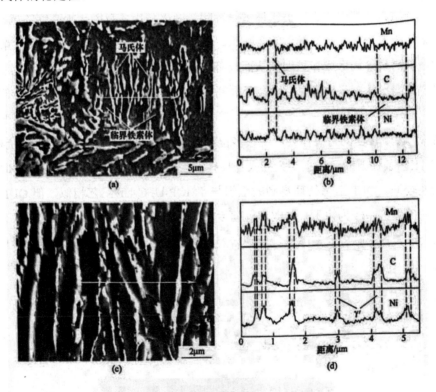

(a)，(b) TMCP-UFC-L；(c)，(d) TMCP-UFC-LT

图 4-33 5％Ni 钢在不同热处理阶段的 EPMA 线扫描结果

TMCP-UFC-LT 热处理过程中的组织演变示意图如图 4-34 所示。通过控制轧制工艺，奥氏体晶粒得以伸长，从而增加了晶界面积，并在晶粒内部产生了大量变形带及高密度位错等缺陷。热轧后，采用 UFC 工艺进行快速冷却，获得了板条马氏体。由于晶界、变形带和位错均可作为形核点，马氏体组织得以细化。未再结晶区的压下量越大、变形温度越低，奥氏体被压扁的程度越大，晶内的变形带和位错密度也随之增加。因此，适当的未再结晶区压下率和轧制温度有助于细化组织。

在两相区保温过程中，合金元素发生配分，C、Mn、Ni 等元素从临界铁素体向奥氏体扩散，导致奥氏体中合金元素富集。淬火后，奥氏体重新转变为淬火马氏体，最终形成富合金元素的马氏体和贫合金元素的临界铁素体双相组织，且在马氏体板条边界有少量残余奥氏体分布。

回火过程中，逆转奥氏体从富合金元素的马氏体板条边界形核并长大，同时残余奥氏体也可作为逆转奥氏体的核心。最终，得到细化的回火马氏体、临界铁素体和逆转奥氏体的混合组织。其中，逆转奥氏体多呈针状，回火马氏体有助于提高钢的抗拉强度。临界铁素体强度较低，能降低钢的屈强比，且具有较好的塑性变形能力，可缓解局部应力集中，阻碍裂纹的形成和扩展，从而改善材料的塑性和韧性。

当逆转奥氏体含量较多时，虽会吸收基体中的合金元素而降低钢的强度，但在拉伸过程中，逆转奥氏体转变为淬火马氏体，产生相变强化；同时，其向马氏体转变引起的体积膨胀，在新转变的马氏体处产生较多位错，引起位错强化，从而提高钢的抗拉强度。

QT 工艺条件下的组织主要为回火马氏体和块状逆转奥氏体，强度较高，但塑性和冲击韧性较差。QLT 工艺处理得到的组织与 TMCP-UFC-LT 工艺相似，但 QLT 工艺条件下的马氏体组织较为粗大，导致钢板强度较低。而 TMCP-UFC-LT 工艺条件下获得的细小回火马氏体、临界铁素体和针状逆转奥氏体组合，展现出最佳的综合力学性能。

（a）TMCP 条件下原奥氏体晶粒；（b）TMCP-UFC；（c）TMCP-UFC-L；（d）TMCP-UFC-LT

图 4-34 TMCP-UFC-LT 热处理过程中的组织演变示意图

二、低温钢的未来发展趋势

（一）技术创新与性能提升

1.更高的强度和韧性

未来低温钢的研发将更加注重在极端低温环境下材料强度和韧性的平衡与提升。通过优化合金成分设计、采用先进的微观结构调控技术等手段，开发出既具有高强度又具备优异韧性的低温钢材料，以满足如深海油气开采、极地工程等领域对材料性能的严苛要求。

2.优异的耐腐蚀性

在能源、化工等领域，低温钢需要长期在腐蚀性介质环境中使用，因此提高其耐腐蚀性能至关重要。研发重点将放在开发新型合金元素和表面处理技术，以增强低温钢的抗腐蚀能力，延长其使用寿命，降低维护成本。

3.良好的焊接性和加工性

随着低温钢应用领域的不断拓展，对其焊接性和加工性的要求也越来越高。未来将致力于开发具有良好焊接性能的低温钢材料，减少焊接过程中的缺陷和残余应力，同时提高材料的加工精度和表面质量，以满足复杂结构件的制造需求。

（二）生产工艺优化与成本降低

1.智能化生产

借助工业 4.0 和智能制造技术，低温钢生产企业将实现生产过程的自动化、信息化和智能化。通过引入机器人、自动化生产线、智能检测系统等设备，提高生产效率、产品质量稳定性和一致性，同时降低人工成本和生产风险。

2.绿色制造工艺

在全球环保意识日益增强的背景下，低温钢行业将更加注重绿色制造工艺的研发和应用。采用节能、减排、资源循环利用的生产技术，降低能源消耗和污染物排放，实现可持续发展。

3.成本控制与竞争力提升

通过优化生产工艺、提高生产效率、降低原材料消耗和能源成本等措施，降低低温钢的生产成本，提高产品的市场竞争力。同时，加强产业链上下游企业的合作，实现资源共享、优势互补，共同应对市场挑战。

（三）市场需求增长与应用领域拓展

1.能源领域的持续需求

随着全球能源结构的调整和对清洁能源的需求增长，液化天然气（LNG）作为过渡能源的角色日益重要，其储运设备对低温钢的需求将持续增加。此外，深海油气开采、页岩气开发等领域也需要大量的低温钢材料来制造管道、储罐等设备。

2.海洋工程与船舶制造

海洋资源开发的不断推进，如深海养殖、海洋风电、海底矿产资源开采等，将带动对低温钢的需求。船舶制造行业也将更多地采用低温钢来建造极地船舶、液化气运输船等特种船舶，以满足日益严格的环保和安全标准。

3.航空航天与高端装备制造

航空航天领域对材料的性能要求极高，低温钢因其优异的机械性能和可靠性，在卫星、火箭等航天器的压力容器、结构部件等方面具有广阔的应用前景。同时，高端装备制造领域如半导体设备、医疗器械等，也将逐渐采用低温钢来制造关键零部件，提高产品的质量和性能。

（四）新材料与新技术的融合

1.材料基因组计划

通过材料基因组计划等先进方法，加速低温钢新材料的研发进程。利用高通量计算、实验和数据分析技术，快速筛选和优化合金成分和微观结构，实现材料性能的精准设计和预测，提高研发效率和成功率。

2. 3D 打印技术

3D 打印技术在低温钢领域的应用将逐渐扩大，实现低温钢制品的定制化生产。通过 3D 打印技术，可以根据具体需求快速制造出复杂形状的低温钢零部件，提高生产效率和材料利用率，为航空航天、医疗器械等领域的个性化需求提供解决方案。

3.复合材料与低温钢的结合

将复合材料与低温钢进行复合，开发出兼具两者优点的新型材料。例如，采用复合材料作为增强相，与低温钢基体相结合，制备出具有更高强度、刚度和耐腐蚀性能的复合材料，拓展低温钢的应用范围。

（五）行业标准与规范的完善

1.国际标准的制定与协调

随着全球贸易的不断发展，低温钢的国际标准制定将成为一个重要趋势。各国将加强合作，共同制定统一的低温钢质量标准、测试方法和认证体系，促进低温钢产品的国际贸易和技术交流。

2.行业规范的细化与完善

针对不同应用领域的低温钢产品，将进一步细化和完善行业规范和标准。例如，在能源、海洋工程、航空航天等领域，制定更加严格的技术要求和质量控制标准，确保低温钢产品在极端环境下的安全性和可靠性。

参 考 文 献

[1]焦多田. 我国造船业船板供需现状及发展趋势分析[J]. 冶金管理，2013（7）：38-40.

[2]黄维，高真凤，丁伟，等. 我国船板钢现状及技术发展趋势[J]. 上海金属，2014，36（4）：43-46.

[3]魏江. 高铌船板用钢的热变形行为及相变动力学研究[D]. 秦皇岛：燕山大学，2010.

[4]庄凯. 船用 E 级钢高功率激光焊接接头组织与韧性的研究[D]. 上海：上海交通大学，2010.

[5]张豪，雷运涛，魏金山. 高强度船体结构钢的现状与发展[J]. 钢结构，2004（2）：38-40.

[6]王亚超，吴开明. 回火温度对超高强韧船体结构钢力学性能的影响[J]. 武汉科技大学学报，2019，42（5）：328-333.

[7]闫志华，郑桂芸，刁玉兰. 国内船体用结构钢板现状与发展[J]. 莱钢科技，2004（3）：65-67.

[8]韩炯，高亮. 高强船板拉伸试验断口分层的原因分析[J]. 宽厚板，2006，12（1）：30-32.

[9]王洪，刘小林，蔡庆伍. 生产工艺对 420 MPa 高强度船板钢低温韧性的影响[J]. 钢铁，2006（8）：64-67.

[10]王有铭，李曼云，韦光. 钢材的控制轧制和控制冷却[M]. 2 版.北京：冶金工业出版社，2009.

[11]马云亭，叶建军.Nb 在低温高强度船体结构钢 EH36 中的应用[J]. 宽厚板，2002（3）：18-23.

[12]张鹏云.TMCP 工艺在船板生产中的应用[J]. 宽厚板，2009，15（6）：17-20.

[13]狄国标. 高强度海洋平台用钢的强韧化机理研究及产品开发[D]. 沈阳：东北大学，2010.

[14]祝英杰. 超高层建筑技术发展现状[J]. 工业建筑, 1999（4）: 77-79.

[15]刘锡良. 国外建筑钢结构应用概况[J]. 金属世界, 2004（4）: 29-32.

[16]戴为志, 刘景凤. 建筑钢结构焊接技术: "鸟巢" 焊接工程实践[M]. 北京: 化学工业出版社, 2008.

[17]黄南翼, 张锡云, 王本德. 日本阪神淡路直下型地震震情初析[J]. 钢结构, 1995（1）: 34-42.

[18]韦明, 李玉谦. 舞钢高层建筑结构用钢板的开发[J]. 钢结构, 2004（4）: 59-61.

[19]周淑敏, 郜婕, 杨义, 等. 中国 LNG 产业发展现状、问题与市场空间[J]. 国际石油经济, 2013, 21（6）: 5-15.

[20]杨青. 要慎重抓紧 LNG 进口工作[J]. 国际石油经济, 1999（5）: 29-31, 48-60.

[21]邱正华, 张桂红, 吴忠宪. 低温钢及其应用[J]. 石油化工设备技术, 2004（2）: 43-46.

[22]李文钱, 马光亭, 麻衡, 等. 热处理对 16 MnDR 低温压力容器钢板组织和性能的影响[J]. 山东冶金, 2011, 33（5）: 102-103, 106.

[23]黄维, 高真凤, 张志勤. Ni 系低温钢现状及发展方向[J]. 鞍钢技术, 2013（1）: 10-14.

[24]雍岐龙. 钢铁材料中的第二相[M]. 北京: 冶金工业出版社, 2006.

[25]徐道荣, 李平瑾, 卜华全, 等. 3.5Ni 钢的热成形工艺试验研究[J]. 压力容器, 1999（3）: 13-17

[26]任安超. 高强度耐蚀钢轨的研究[D]. 武汉: 武汉科技大学, 2012.

[27]吴胜利, 王筱留. 钢铁冶金学: 炼铁部分[M]. 4 版.北京: 冶金工业出版社, 2019.

[28]林青林, 黄志伟. 废钢质量的分析[J]. 冶金丛刊, 2003（6）: 37-39.

[29]李光强, 朱诚意. 钢铁冶金的环保与节能[M]. 2 版.北京: 冶金工业出版社, 2010.

[30]吴天月. 烧结环冷机余热回收利用技术的应用[J]. 矿业工程, 2017, 15（6）: 36-37.

[31]周梁. 干熄焦技术应用推广浅析[J]. 冶金与材料, 2018, 38（5）: 131-132.

[32]周德, 赵英杰. 以氨为碱源的 PDS 法脱硫技术在净化焦炉煤气中的应用[J]. 山西化工, 1994（1）: 43-44, 50.

[33]李鹏飞, 葛建华, 王明林, 等. 连铸坯热送热装在节能减排中的应用[J]. 铸造技术, 2018, 39（8）: 1768-1771.